医疗废物处理处置
与智能化管理丛书

医疗废物全流程
污染控制与智能化管理

李传华　王瑟澜　周涛　等 编著

化学工业出版社

·北京·

内容简介

本书围绕医疗废物全流程污染控制与智能化管理，概述了医疗废物的特点与产生现状，主要介绍了医疗废物全流程污染控制与管理框架、医疗废物处置污染防治管理、医疗废物突发应急管理、医疗废物集中热处置技术、医疗废物非焚烧处理技术、医疗废物协同处置技术、医疗废物信息化与数字化管理、中国医疗废物处置实践经验等内容；书后附录了该领域相关标准及技术规范，便于读者查阅及参考。

本书具有较强的专业性、先进性和参考价值，可供医疗废物管理部门、医疗废物产废单位、处理处置单位相关专业人员参考，也可供高等学校环境科学与工程、市政工程及相关专业师生参阅。

图书在版编目（CIP）数据

医疗废物全流程污染控制与智能化管理 / 李传华等编著． -- 北京：化学工业出版社，2025．2． --（医疗废物处理处置与智能化管理丛书）． -- ISBN 978-7-122 -46859-8

Ⅰ．X799.6

中国国家版本馆CIP数据核字第2025GH7370号

责任编辑：刘兴春 刘 婧　　文字编辑：杜 熠
责任校对：宋 玮　　　　　　装帧设计：韩 飞

出版发行：化学工业出版社
　　　　　（北京市东城区青年湖南街 13 号　邮政编码 100011）
印　　装：涿州市般润文化传播有限公司
710mm×1000mm　1/16　印张 14¼　彩插 2　字数 219 千字
2025 年 3 月北京第 1 版第 1 次印刷

购书咨询：010-64518888　　　　售后服务：010-64518899
网　　址：http://www.cip.com.cn

医疗废物主要来自病人的生活废弃物和医疗诊断、治疗过程中产生的各类具有直接或者间接感染性、毒性以及其他危害性的废物，它们含有大量的病原微生物、寄生虫和其他有害物质，是一种特殊的污染物。虽然与其他固体废物相比，医疗废物总量不大，但由于这类废物是有害病菌、病毒的传播源头之一，也是产生各种传染病及病虫害的污染源之一，世界各国越来越重视其管理与处理。自20世纪50年代起，医疗废物管理及其处置技术已引起世界各国政府和国际组织的广泛关注。1998年我国国家环境保护局与公安部、外经贸部联合颁布的《国家危险废物名录》中规定：与医疗废物有关的HW01（医院临床废物）、HW03（废药物、药品）和HW16（感光材料废物）均属于危险废物。

医疗废物作为单独的收运和处理处置对象，其转移、存放、处置各环节的约束和管理成了各国关注的问题。国内外均出台了一系列相关的公约、政策方针、法律法规、标准规范等文件来对医疗废物进行管理。此外，随着智能化、数字化技术的发展，智能收运与智慧管控也在医疗废物管理中起重要作用。"医疗废物处理处置与智能化管理丛书"从医疗废物的产生、收运、转运、处理处置全流程进行了详细表述和总结。《医疗废物全流程污染控制与智能化管理》作为丛书中的一个分册，主要从处理处置方面进行了技术总结。本书围绕医疗废物全流程管理与处理技术，主要内容包括医疗废物概述、医疗废物全流程污染控制与管理框架、医疗废物处置污染防治管理、医疗废物突发应急管理、医疗废物集中热处置技术、医疗废物非焚烧处理技术、医疗废物协同处置技术、医疗废物信息化与数字化管理、中国医疗废物处置实践经验等，其全面地介绍了医疗废物的特性，系统地总结了国内外医疗废物的管理方法和我国医疗废物的收集及运输方法，以及数字化管理模式，详述了医疗废物不同类型的处理处置技术方法，并结合区域特征和医疗废物产生量特点，介绍了不同处理处置技术的应用，内容符合国家相关处理技术与行业发展，为医疗废物的处理处置提供参考依据和案例借鉴，并为高等学校环境科学与工程、市政工程及相关专业师生提供资料参考。

本书编写团队由上海环境集团股份有限公司、上海市固体废物处置有限公司、同济大学等的专业技术人员、管理人员和教授等组成，团队具有齐整性和权威性，高等学校、科研机构和企业紧密合作，有效保障了图书内容质量和完成进度等。

本书主要由李传华、王瑟澜、周涛编著。参加本书编著的人员包括王瑟澜、姜杰文、孔德雯、王勇（第1章），李传华、万德阳、魏凤、任静（第2章），周涛、钟江平、刘圣誉、贠亚峰（第3章），王瑟澜、钟江平、包海宾、沈凤高（第4章），周涛、薛浩、王敏俐、张子骄（第5章），卢青、李玉东、陈檬、王浩（第6章），薛浩、许瑶、王佩琦、徐厚祥（第7章），李传华、卢青、何康敏、阮剑波（第8章），包海宾、刘沛、顾佳媛、查丽娜（第9章）。全书最后由李传华、王瑟澜、周涛统稿并定稿。

限于编著者水平及编著时间，书中不足及疏漏之处在所难免，敬请读者提出修改建议。

编著者
2024 年 9 月

附录　185

参考文献　214

第 1 章 ▶ ▶ ▶ ▶ ▶ ▶ ▶

医疗废物概述

◀ ◀ ◀ ◀ ◀ ◀ ◀

▲ 医疗废物的定义和特性

▲ 医疗废物的来源和产生

▲ 医疗废物产量与预测

▲ 医疗废物的危害与污染

▲ 医疗废物对人体健康的影响

医疗废物是指在医疗活动中产生的各种废弃物，包括医疗机构、诊所、医院、实验室、药房等地点产生的废物。这些废物具有潜在的健康和环境风险，需要进行特殊的处理和管理，以确保公众和环境的安全。由于医疗废物的特殊性，不适宜与普通生活垃圾混合处理。对于医疗废物的处理需要符合严格的法规和规定，常见的处理方式包括焚烧、高温蒸汽消毒、化学处理等，以确保彻底杀灭病原体和降低对环境的危害。

正确处理医疗废物对于保护公众健康和环境至关重要。世界各国和地区的医疗机构都应建立健全医疗废物管理计划，加强监管和培训，确保医疗废物得到安全、高效处理，从而有效地降低或减少潜在的危害。当前我国医疗废物管理体系尚且不完善，医疗废物的环境风险防范不足。因此，强化医疗废物管理意识、提高医疗废物管理水平对于当前城市的环境管理体系至关重要。

1.1　医疗废物的定义和特性

1.1.1　医疗废物的定义

美国环境保护署（Environmental Protection Agency，EPA）发布的相关法规对医疗废物做出了明确的定义。在《资源保护与回收法案》（Resource Conservation and Recovery Act，RCRA）中，医疗废物被定义为"与人类或动物的医疗诊断、治疗和预防相关的废物，其中可能含有传染性的生物性物质、制剂、器械、容器及其用过的物品，或者是用于生产、测试、研究和生产化学制剂的实验室废物。"《控制危险废物越境转移及其处置的巴塞尔公约》中也提到，将"从医院、医疗中心和诊所的医疗服务中产生的临床废物"列为"应加控制的废物类别"中的 Y1 组，其危险特性等级为 6.2 级，属传染性物质。世界卫生组织（WHO）和世界银行（WB）将"医疗废物"（medical waste/health-care waste）定义为人或动物在提供诊断、治疗和免疫等医疗服务，以及医疗研究、生物实验和生物制品生产过程中产生的各种固体废物，其中包括脏的或沾血绷带、办公垃圾与废玻璃器皿、废弃的外科手套、输血或输液使用后的针头、切除的躯体组织、柳叶刀等。其中，75%～90% 医疗废物属于城市生活垃圾，是没有危害的"一般医疗废物"（general medical waste/general health-care waste），主要来源于医疗卫生机构的内部行政管理、生活服务等部门，例如：锅炉房的煤灰煤渣、清扫院落的渣土、建筑拆建废料；普通生活垃圾、厨房食堂的废弃物、剩饭剩菜、果皮果核、废纸废塑料；医药包装材料；枯草落叶、干枝朽木等。这类垃圾不需要特别处理，及时清运或委托处理即可，通常被纳入城市生活垃圾管理系统。而剩余 10%～25% 的医院废物因具有危害性或可能产生多种健康风险（具有传染性或潜在传染性），被认为是"危险医疗废物"或"特殊医疗废物"（hazardous health-care waste/health-care risk waste）。综上所述，美国环境保护署、世界卫生组织和世界银行认为"危险医疗废物"是指为人或动物提供诊断、治疗和免疫等医疗服务，以及医疗研究、生物实验和生物制品生产过程中产生的具有危害性或可能产生多种健康风险（具有传染性或潜在传染性）的固体废物，其内涵基本与我国医疗废物的定义所指范围相吻合，是需要予以特别管理和处理处置的废弃物。

为加强医疗废物的安全管理，防止疾病传播，保护环境，保障人体健康，根据《中华人民共和国传染病防治法》和《中华人民共和国固体废物污染环境防治法》，2003 年 6 月 16 日我国国务院颁布的《医疗废物管理条例》明确指出：医疗废物是指医疗卫生机构在医疗、预防、保健以及其他相关活动中产生的具有直接或者间接传染性、毒性以及其他危害性的废物，第一次在法律层面对医疗废物定义予以了统一与确定。同时，考虑我国的现行管理体制，《医疗废物管理条例》也指出"医疗卫生机构废弃的麻醉、精神、放射性、毒性等药品及其相关的废物的管理，依照有关法律、行政法规和国家有关规定、标准执行"和"医疗废物分类目录，由国务院卫生行政主管部门和环境保护行政主管部门共同制定、公布"等条款，明确了医疗废物的覆盖范围。

2024 年发布的《国家危险废物名录（2025 年版）》当中医疗废物主要有 HW01、HW02 和 HW03 三大类，其中 HW01 代表来源于卫生行业的医疗废物，包括感染性废物、损伤性废物、病理性废物、化学性废物和药物性废物；HW02 表示来源于化学药品原料药制造、化学药品制剂制造、兽用药品制造和生物药品制品制造行业共 20 小类的医药废物；HW03 表示非特定行业的危险废物，主要包括销售及使用过程中产生的失效、变质、不合格、淘汰、伪劣的化学药品和生物制品。

1.1.2　医疗废物的分类

如果各种医疗卫生机构产生的一般固体废物（生活垃圾等）与医疗废物混合，那么混合废物必须按医疗废物予以管理，并需要进行特别的搬运和处置，否则会导致医疗废物管理对象数量成倍增加，从而加重管理负担。同时，基于医疗废物的特殊性和污染控制的要求，必须对医疗废物进行分类收集、贮存、运输和处理处置，因此区分医疗废物、对医疗废物进行分类是对医疗废物进行有效处理的前提和基础。

1.1.2.1　国外对医疗废物的分类

世界卫生组织西太平洋地区环境健康中心将医院废物分为传染性废物、锐器、药理性和化学性废物、其他有害物质（如细胞毒性、放射性、压力宣传品容器）和普通废物 5 种类型。新加坡将医院废物分为传染性废物、病理性废物、一般临床废物、污染锐器、细胞毒性废物、放射性废物、药理性废物、化学性废物、普通废物 9 种类型。

美国环境保护署、世界卫生组织和世界银行首先将医疗废物分为一般医疗废物和特殊医疗废物。特殊医疗废物通常可分为传染性废物、病理性废物、损伤性废物、药物性废物、细胞毒性废物、化学废物、重金属废物、压力容器和放射性废物 9 大类，如表 1-1 所列。

表 1-1　美国医疗废物的分类

序号	废物种类	含义及实例
1	传染性废物	可能含有病原体的废物，例如实验室培养体；隔离病房的垃圾；与被感染病人接触过的棉球（药签）、物体或设备；排泄物

序号	废物种类	含义及实例
2	病理性废物	人体组织或体液，例如肢体、血液和其他体液、胚胎
3	损伤性废物	利刃器械废物，例如针、输液管、解剖刀、小刀、刀片、玻璃碴
4	药物性废物	含有医药品的废物，例如过期或无用的医药品、被污染的或含有医药品的容器（瓶子、盒子）
5	细胞毒性废物	含有基因毒性物质的废物，例如含有抑制细胞生长药物（经常在癌症治疗中使用）的垃圾、基因毒性化学药品
6	化学废物	含有化学物质的废物，例如实验试剂、膜涂料、过期或作废的消毒剂、溶剂等
7	重金属废物	含有高浓度重金属废物，例如电池、破损温度计、血压计等
8	压力容器	气缸、气筒、烟雾罐等
9	放射性废物	含有放射性物质的垃圾，例如放射性治疗或实验室研究中的废弃液、受污染的玻璃器具、包裹或吸纸、接受开放的放射性核治疗或测试的病人的尿和其他排泄物、密封性物源

（1）传染性废物

传染性废物是指携带一定数量或浓度的细菌、病菌、寄生虫等病原体，易引发敏感性人群感染疾病的医疗废物。该类废物主要包括：

① 试验室产生的含有传染性物质的培养细菌和试验动物等；

② 对患有传染性疾病的病人进行外科手术或解剖过程中产生的废物，如组织、接触过血液或体液的材料及设备；

③ 来自隔离病区传染病患者产生的废物，如患者的活检物质、粪尿、血、剩余饭菜、果皮等生活垃圾，以及外伤包扎绷带等；

④ 传染病患者血液透析过程中产生的废物，如玻璃管、滤纸等透析设备，透析过程中使用过的毛巾、长衫、围裙、手套等用品；

⑤ 其他接触传染性人群或动物的设备和材料。

（2）病理性废物

被切除的人体组织、器官、胚胎和医学实验动物尸体、血液、体液等医疗废物统称为病理性废物，也称为解剖性废物。无论病理性废物是否来自健康人群，该类废物通常被视为传染性废物的分支，应予以高度重视。

（3）损伤性废物

损伤性废物是指已被人体血液、体液污染的各种废弃锐器等医疗废物。损伤性废物易导致切口型或刺破型伤口，主要包括针、皮下注射针头、解剖刀、注入设备、锯子、碎玻璃、图钉和其他刀刃或小刀。不管损伤性废物是否具有传染性，该类废物都应纳入重点控制的医疗废物范畴。

（4）药物性废物

过期、淘汰、变质的药品、疫苗和血液、血清、血浆等医疗废物统称为药物性废物。该类废物包括含有以上种类废物残留物的瓶子或包装箱，以及接触过以上种类废物的手套、面具、导管等。

（5）细胞毒性废物

细胞毒性废物是指过期的细胞毒药物和被细胞毒药物污染的镊子、管子、手巾、锐器等，以及接受细胞毒药物、化学治疗和放射性治疗的患者产生的呕吐物、排泄物等医疗废物。

细胞毒药物因能杀死细胞或阻止细胞生长，最常用于治疗癌症病人的化学治疗或放射治疗病房，目前在其他病房的应用也有增加趋势，如在器官移植中被广泛作为免疫抑制剂药品使用。细胞毒药物大多为静脉注射或输液给药，有些为口服片、胶囊、混悬液。细胞毒药物进入人体的途径有：

① 吸入途径，但处理不当可形成气溶胶或灰尘污染；

② 通过消化道摄入途径；

③ 接触皮肤途径，这种途径除局部反应外，有些还可能被吸收，不易洗掉。

细胞毒性废物可能具有致突变、致畸、致癌（"三致"效应）的特性，属于高危险性废物，在医疗卫生机构内部和处置后都会引起严重的安全问题，应对其予以高度重视。有害的细胞毒性药品主要有致使遗传基因交叉结合和乱码的烷基化合物、抑制细胞核酸生物合成的抗菌剂、避免细胞复制的间接核裂抑制剂几大类别，如（硝基）咪唑硫嘌呤、苯丁酸氮芥、环磷酰胺、（左旋）苯丙氨酸氮芥、三苯氧胺、三胺硫磷等。

医疗中常用的细胞毒性产品如表1-2所列。

表1-2　医疗中常用的细胞毒性产品

	化学药品	苯
按致癌物质分类	抑制细胞生长的药物	（硝基）咪唑硫嘌呤、苯丁酸氮芥（瘤可宁）、氯萘嗪（chlornaphzine）、环孢素（ciclosporin）、环磷酰胺（癌得星）、（左旋）苯丙氨酸氮芥、司莫司汀（semustine）、三苯氧胺（他莫西芬）、三胺硫磷、曲奥舒凡（treosulfan）
	放射性物质	放射性物质在本书中将作为个别种类单独处理
按致癌隐患物质分类	抑制细胞生长的药物	阿扎胞苷（azacitidine）、博来霉素、卡氯介、氯霉素、氯佐酮（chlorozotocin）、顺铂（cisplatin）、达卡巴嗪（dacarbazine）、异羟甲基呋喃三嗪（dihydroxymethylfuratrizine）［例如不再使用的潘弗兰（panfuran）］柔毛霉素、阿霉素、洛莫斯丁（lomustine）、甲基硫氧嘧啶（methylthiouracil）、甲硝唑、丝裂霉素、萘酚平（nafenopin）、硝唑（niridazole）、去甲羟基安定、非那西汀、镇静安眠剂、二苯乙内酰脲、甲卡肼、氢氰化物、黄体酮、溶血素（hemolysia）、链脲佐菌素（streptozocin）、三氯甲烷（trichlormethine）

抑制细胞生长的有害药物分类如下。

① 烷基化物：引起 DNA 烃化，导致遗传物质耦合和密码错译。

② 抗代谢物：细胞中抑制生物合成的核酸。

③ 有丝分裂抑制剂：阻止细胞复制。

抑制细胞生长的垃圾来源如下：

① 药物制备和经营中被污染的物质，如注射器、针、度量仪、小瓶和包装袋等；

② 过期药物、残留液、病房中残留药物；

③ 病人的尿液、粪便和呕吐物，其中可能含有大量已服用过的抑制细胞生长的药物或其代谢物（具有潜在危险），因此在服用药物后至少48h 内病人的排泄物都应看作遗毒性物质，有时甚至长达 1 周。

肿瘤专科医院的细胞毒性废物占总医疗废物的1%之多，其中主要含有抑制细胞生长或放射性物质。

（6）化学废物

化学废物由固态、液态和气态化学品废弃物组成，是指在毒性、腐蚀性、易燃性或反应性方面具有一种或一种以上特性的被抛弃化学物质等医疗废物，主要来源于医疗卫生机构的诊断、清扫、消毒和维修等工作。来自医疗中的化学品垃圾可能是危险的，也可能是安全的，但从健康保护的观点来讲如果其中含有以下性质中的一种就被认为是危险的：

① 毒性；

② 腐蚀性（如 pH<2 的酸和 pH>12 的碱）；

③ 易燃；

④ 高活性（易爆、遇水起反应、震动敏感性）；

⑤ 细胞毒性（如抑制细胞生长的药物）。

化学废物类别主要有如下几种。

① 甲醛：医疗卫生机构大量使用甲醛作为设备清洗、消毒和生物保存的化学药剂。

② 显影、定影化学剂：定影液主要含有 5%～10% 的对苯二酚、1%～5% 的氢氧化钾和不低于 1% 的银，显影液主要含有约 45% 的戊二酸醛，同时在显影和定影过程中都会大量使用乙酸等药剂。

③ 溶剂：医疗卫生机构中的病理学、组织学试验室和工程部门会产生大量含有溶剂的废物，溶剂物质主要包括氯化苯、氯仿、三氯乙烯、制冷剂等。

④ 有机化学物质：如清洗地板用的苯酚系列和全氯乙烯等消毒、清洗化学药剂；油；杀虫剂、灭鼠剂。

⑤ 无机化学物质：主要由酸和碱组成（如硫磺溶液、硫酸、盐酸、硝酸、铬酸、氢氧化钠和氨水溶液），也包括一些氧化剂［如高锰酸钾（$KMnO_4$）和重铬酸钾（$K_2Cr_2O_7$）］以及还原剂［如亚硫酸氢钠（$NaHSO_3$）和亚硫酸钠（Na_2SO_3）］。

（7）重金属废物

含有高浓度重金属的废物是危险化学品废物 II 类的代表，通常是高毒性的。含汞垃圾是破碎的临床设备溢流物所形成的垃圾的代表，但随着固体电子感应替代仪器（温度计、血压计等）的出现其量逐渐减少。无论何时若有含汞物溢流都要尽可能地加以补救。牙科的废弃物中含有大量的汞。镉废弃物主要来自废弃电池。X 射线辐射实验部和诊断部依旧使用某些含铅木筋板。

大量的药物中含有砷，但在本书中作为医疗废物处理。

（8）压力容器

医疗卫生机构使用多种装载各种气体的压力容器，一旦空瓶或不再使用，这些压力容器作为废物必须进行正确处理，不得进行焚烧或破碎。使用的气体通常有麻醉气（如全氯乙烯、氧化氮与全氯乙烯）、乙炔、氧和压缩空气等，列于表 1-3。

表 1-3　医疗机构中常用的气体

类型	常见组分或者废物名称
气态麻醉药	含氮氧化物、挥发性卤代烃（如三氟溴氯乙烷、异氟醚和安氟醚），这些气体药物很大程度上替代了乙醚和氯仿。 使用范围：手术台、孕妇分娩、救护车、普通病房中产生疼痛的程序中、牙科诊室、镇静剂等
环氧乙烷	使用范围：手术器材和医疗设备的灭菌、中枢供应室、操作室
氧气	以气体或液体形式贮存在大罐或大缸中，由中枢管道系统配给。 使用范围：病人输氧
压缩空气	使用范围：实验操作、输氧治疗仪、设备维护、环境控制系统

医疗中使用的多种类型的气体存在于加压气缸、气筒、烟雾罐内。其中多数容器一旦腾空或不再使用（虽然里面仍然含有残渣）后仍可重新利用，但一些特定类型的容器（特别是烟雾罐）必须给予处置。不管是具有内在还是潜在危险，残留在压力容器中的气体都应做认真的处理，否则在焚烧或者压力容器被不小心戳破时可能会发生爆炸。

（9）放射性废物

放射性废物是指在应用放射性核素的医学实践中产生的放射性活度超过国家规定值的医疗废物，主要有沾有放射性金属、非金属及劳防用品，受放射性污染的工具、设备，散置的低放射性非液固化物，以放射性同位素进行试验的动植物尸体或植株，超过使用期限的废放射源等。

与可以发生在开放空间中的灼伤不同，人们对离子放射不会有任何察觉，除非放射量很大才会有即时反应。医疗中的离子辐射物包括 X 射线、α 粒子和 β 粒子，以及放射性核物质释放出的 γ 射线。这几类放射性物质的一个重要实践性差别就是：来自 X 射线管中的 X 射线仅在设备开关打开的时候释放，而来自放射性核的放射物不能通过开关而关闭，只能通过屏蔽材料消除。放射性核连续地经受自发瓦解（称作"放射性衰减"），在此过程中释放能量，通常导致新核的形成；同时伴随着一种或几种类型的放射性物质（例如 α 粒子和 β 粒子，以及 γ 射线）的释放，引起细胞内物质的离子化。因此，放射性物质是遗毒性的。

① α 粒子是体积较大且带有正电荷的粒子（包括质子和中子），其穿透能力低，主要是在吸入和吸收时对人类产生危害。

② β 粒子是带有负电荷或正电荷的电子，对人类皮肤具有极强的穿透能力，通过细胞内蛋白质和类蛋白物质的离子化而危害人类健康。

③ γ 射线和 X 射线类似，属电磁辐射物，但波长更短。它们的穿透能力高，要求以铅板或较厚的混凝土板作为屏蔽物才可降低其强度。

通常以放射性减半所要求的时间来度量放射性的衰减（称作"半衰期"）。每一个放射性核物质都有一个特有的半衰期，值是常数，从小于 1s 到数百万年不等，可以用来鉴别放射性核物质的种类。核医疗中最常用的放射性核物质见表 1-4，放射性核物质的放射性与衰减速率相当，用贝可勒尔（Bq）度量[国际单位，已经替代了居里（Ci）]：

$$1Bq=1 \text{ 次衰减 }/s$$

$$1Ci=3.7 \times 10^{10} Bq$$

表 1-4　医疗设施中所使用的主要放射性核物质

放射性核物质	释放物	释放形式	半衰期	应用
^3H	β	打开的	12.3a	研究
^{14}C	β	打开的	5730a	研究
^{32}P	β	打开的	14.3d	诊断、治疗
^{51}Cr	γ	打开的	27.8d	体内诊断
^{57}Co	β	打开的	271d	体内诊断
^{60}Co	β	未打开的	5.3a	诊断、治疗、研究
^{59}Fe	β	打开的	45d	体内诊断

放射性核物质	释放物	释放形式	半衰期	应用
^{67}Ga	γ	打开的	78h	诊断成像
^{75}Se	γ	打开的	119d	诊断成像
^{85}Kr	β	打开的	10.7a	诊断成像、研究
^{99}Tc	γ	打开的	6h	诊断成像
^{123}I	γ	打开的	13.1h	诊断吸收、治疗
^{125}I	γ	打开的	60d	诊断吸收、治疗
^{131}I	β	打开的	8d	治疗
^{133}Xe	β	打开的	5.3d	诊断成像
^{137}Cs	β	未打开的	30a	治疗、研究
^{192}Ir	β	未打开的	74d	治疗
^{198}Au	β	未打开的	2.3d	治疗
^{222}Rd	α	未打开的	3.8d	治疗
^{226}Ra	α	未打开的	1600a	治疗

　　游离于离子辐射中，单位质量的物质所吸收的能量叫作吸收剂量，以灰度表示（Gy），此国际单位已经代替了拉德（1Gy=100rad）。然而，不同类型的辐射物，根据生物材料和组织类型的不同会产生不同的效果。如果允许这些差异存在的话，一种类型的吸收剂量应该取自一种器官或组织的加权平均值。因此产生了等价剂量，用希沃特（Sv）度量，此单位代替了雷姆（1Sv=100rem）。

　　放射性垃圾包括被放射性核物质污染的固态、液态及气态物质，产生于下述医疗过程，如身体器官和体液的体内分析、体内器官成像、肿块定位以及不同的研究和治疗实践。

　　医疗中使用的放射性核物质通常处于打开的（或"开放的"）或未打开的条件。打开的物质通常是液体，在药物使用中不压缩而直接应用；未打开的是放射性实体，它们自制成部分设备或器械，或者到诸如"胶粒"或针管这样不能破损的未打开的物体中。放射性垃圾中通常含有短半衰期的放射性核物质，它们很快就失去活性（表1-4）。然而，某些医疗程序需要使用具有长半衰期的放射性核物质；这些物质通常以烧针、针或"胶粒"的形态存在，并且灭菌后可再用于其他病人。医疗设施中使用的这种类型和形态的放射性材料通常产生低水平的放射性垃圾（＜1MBq）。未打开的垃圾可能含有相当高的活性，但仅在大的医疗和研究实验室中有少量产生。未打开的物源一般都返回到供应者，因此不会进入垃圾物流中。

涉及放射性核物质的医疗和研究活动中所产生的垃圾，以及相关活动（如设备维护和储藏等）可分类如下。

① 未打开的物源；

② 失效的放射性核发生器；

③ 低水平的固体废物，如吸收纸、棉签、玻璃器具类、注射器、小瓶等；

④ 放射性材料出货时的残渣、医疗诊断或治疗中使用后多余的放射性核溶液；

⑤ 与水不相溶的液体，如放射性免疫测定中使用的闪烁计数残液，及受污染的真空油；

⑥ 溢出液和净化放射性溢出液的废弃物；

⑦ 接受开放的放射性核治疗或检验的病人的排泄物；

⑧ 低水平液体废物，如来自洗涤设备中的液体废物；

⑨ 毒气和烟气贮存设备中的废气。

1.1.2.2 我国对医疗废物的分类

2021 年 11 月 25 日国务院修订了 2003 年《医疗废物分类目录》，形成了《医疗废物分类目录（2021 年版）》，分类目录如表 1-5 所列。

表 1-5 我国医疗废物分类目录

序号	类别	特征	常见组分或者废物名称
1	感染性废物	携带病原微生物具有引发感染性疾病传播危险的医疗废物	（1）被患者血液、体液、排泄物等污染的除锐器以外的废物； （2）使用后废弃的一次性使用医疗器械，如注射器、输液器、透析器等； （3）病原微生物实验室废弃的病原体的培养基、标本，菌种和毒种保存液及其容器；其他实验室及科室废弃的血液、血清、分泌物等标本和容器； （4）隔离传染病患者或者疑似传染病患者产生的废弃物

序号	类别	特征	常见组分或者废物名称
2	损伤性废物	能够刺伤或者割伤人体的废弃的医用锐器	（1）废弃的金属类锐器，如针头、缝合针、针灸针、探针、穿刺针、解剖刀、手术刀、手术锯、备皮刀、钢钉和导丝等； （2）废弃的玻璃类锐器，如盖玻片、载玻片、玻璃安瓿等； （3）废弃的其他材质类锐器
3	病理性废物	诊疗过程中产生的人体废弃物和医学实验动物尸体等	（1）手术及其他医学服务过程中产生的废弃的人体组织、器官； （2）病理切片后废弃的人体组织、病理蜡块； （3）废弃的医学实验动物的组织和尸体； （4）16周胎龄以下或重量不足500g的胚胎组织等； （5）确诊、疑似传染病或携带传染病病原体的产妇的胎盘
4	药物性废物	过期、淘汰、变质或者被污染的废弃的药品	（1）废弃的一般性药物； （2）废弃的细胞毒性药物和遗传毒性药物； （3）废弃的疫苗及血液制品
5	化学性废物	具有毒性、腐蚀性、易燃性、反应性的的废弃的化学物品	列入《国家危险废物名录》中的废弃危险化学品，如甲醛、二甲苯等；非特定行业来源的危险废物，如含汞血压计、含汞体温计，废弃的牙科汞合金材料及其残余物等

1.1.3　医疗废物的物理化学特性

通过调查或估算确定医疗废物的物理化学参数，是医疗废物管理和处理处置计划决策的首要步骤。医疗废物的可燃组分比例、热值、含湿量等典型指标数据如表 1-6 所列，其数据的波动受各国经济发展水平、医疗卫生机构服务专业、管理方法等因素影响。

表 1-6　医疗废物典型的物理参数

参数	最小值	最大值	平均值
可燃组分含量 /%	83	99	—
最低燃烧值 /（kJ/kg）	12550（3000kcal/kg）	25100（6000kcal/kg）	—
含湿量 /%	0（塑料废物）	90（病理性废物）	35

表 1-7 和表 1-8 分别是意大利、美国调查得到的大医院医疗废物特性数据，表 1-9 是我国国内调查得到的部分城市的医疗废物特性数据，表 1-10 是我国

国内调查得到的部分城市的医疗废物工业、元素分析表。

表 1-7　意大利大医院医疗废物特性数据

特性	数据
密度 /（kg/m³）	0.11×10³
最高燃烧值 /（kcal/kg）	5400（干）、3900（湿）
最低燃烧值 /（kcal/kg）	3500（湿）
氯含量 /%	0.4
汞含量 /（mg/kg）	2.5
镉含量 /（mg/kg）	1.5
铅含量 /（mg/kg）	28

注：对于中等经济发展水平国家，湿医疗废物的最低燃烧值通常在 3500kcal/kg 左右（1kcal=4.1868kJ）。

表 1-8　美国医疗废物组分特性数据

序号	类别	HHV/（Btu/lb）[①]	密度 /（lb/ft³）[②]	相对湿度 /%	热值 /（kJ/kg）
1	人体组织	8000～12000	50～75	70～90	800～3600
2	塑料	14000～20000	5～144	0～1	13900～20000
3	药签、吸收剂	8000～12000	5～62	0～30	5600～12000
4	酒精、消毒剂	11000～14000	48～62	0～0.2	11000～14000
5	动物感染性组织	9000～16000	30～80	60～90	900～6400
6	玻璃	0	175～225	0	0
7	床上用品、纸张	8000～9000	20～45	10～50	4000～8100
8	纱布、衬垫、衣服	8000～12000	5～62	0～30	5600～12000
9	注射器	9700～20000	5～144	0～1	9600～20000
10	锐器、针头	60	450～500	1	60
11	体液、排泄物	0～10000	62～63	80～100	0～2000

① 1Btu/lb ≈ 2326J/kg；

② lb/ft³ ≈ 16.02kg/m³。

注：普通的医院废物一般含有 50% 的碳、20% 的氧、6% 的氢以及多种其他元素。

表 1-9　我国国内医疗废物组分特性数据　　　　单位：%

地区	含氯塑料	非含氯塑料	橡胶	织物	纸类	竹木	玻璃	金属	其他
湖南	8.86	47.80	4.80	10.96	10.36	3.21	10.75	2.28	0.43
沈阳	6.70	25.70	3.10	12.30	9.40	12.40	19.20	10.40	0.80
江西	17.81	18.23	3.37	16.01	2.68	1.27	20.47	3.33	16.83

表 1-10　我国国内医疗废物工业、元素分析

地区	工业分析					元素分析				
	Mad /%	Aad /%	Vad /%	FCad /%	Qbad /(kJ/kg)	Cad /%	Had /%	Nad /%	Stad /%	Oad /%
湖南	1.07	20.88	72.66	5.39	30625	55.39	6.06	0.13	0.09	16.38
沈阳	0.97	57.57	37.04	4.42	15836	30.56	4.54	0.15	—	6.21
江西	1.29	30.86	58.82	9.03	23302	41.09	3.77	0.11	0.04	22.84

注：Mad—分析水；Aad—灰分；Vad—挥发分；FCad—干燥基固定碳；Qbad—热值；Cad—碳含量；Had—氢含量；Nad—氮含量；Stad—硫含量；Oad—氧含量。

1.2　医疗废物的来源和产生

1.2.1　医疗废物的来源

医疗废物的来源根据产生数量可分为集中源和分散源，两种产生源的主要医疗卫生机构类型如表 1-11 所列。可见两种源产生医疗废物的类别也有区别，据调查不同服务内容的部门或医疗卫生机构产生相异的医疗废物。

表 1-11　两种产生源的主要医疗卫生机构类型

来源类型	医疗卫生机构类型	医疗卫生机构
集中源	医院	大学医院
		市级以上总医院
		区县级中心医院
	其他医疗服务机构	急救中心
		地段医院或诊所
		妇科诊所
		透析中心
		军队医疗服务中心
	相关试验室和研究机构	药物和生物制品试验室
		生物技术试验室和研究所
		医学研究中心
	其他	停尸房和尸检中心
		动物研究和测试中心
		血液收集和贮存中心
		养老院

续表

来源类型	医疗卫生机构类型	医疗卫生机构
分散源	小型医疗服务机构	内科诊所
		牙科诊所
		针灸治疗所
		脊椎指压治疗所
	专业医疗服务机构	康复中心
		精神病院
		残疾人服务中心
	其他	殡仪服务单位
		居民社区医疗服务中心
		刺耳或文身服务点

尽管少量的分散垃圾与医院垃圾的种类相似,组成却不尽相同,例如前者很少产生放射性或抑制细胞生长的垃圾,基本不包括人类肢体部分,其中利刃器械主要由注射针组成。

一般来说,分散性来源的医疗废物的组成具有下述特征。

① 护理部门:主要产生感染性垃圾和很多利刃器械。

② 内科医师办公室:主要产生感染性垃圾和一些利刃器械。

③ 牙科门诊和牙医办公室:主要产生感染性垃圾和利刃器械,以及高金属含量的垃圾。

④ 护理(如透析、胰岛素注射):主要产生感染性垃圾和利刃器械。

(1)两种产生源产生医疗废物的差异

医疗废物的集中源和分散源因服务内容和范围有较大差异,导致两者间不仅在医疗废物的产生量相差较大,且产生医疗废物的种类也有区别,如相对集中源而言,分散源极少或几乎不产生放射性废物、药物性废物和类似人肢体的病理性废物,损伤性废物以皮下注射针头为主。

(2)两种产生源内部产生医疗废物情况

医疗废物组分情况受产生源特性影响。对于医院,不同的部门将产生不同的医疗废物,如内科病房主要产生绷带、手套、注射针头、服装等,手术室和外科病房主要产生组织、器官、肢体等病理性废物，试验室主要产生药物性废物、传染性废物、损伤性废物等，药房和化学品贮存仓库主要产生包装材料等药物性废物、化学性废物。对于分散源，以医疗护理和内科服务为主的服务主要产生传染性废物和损伤性废物，牙科诊所主要产生传染性废物、损伤性废物和化学性废物。

1.2.2　医疗废物的产生

国内外环境保护部门都对医疗废物进行部分调查，调查表明医疗废物的产生情况在各国之间和各地区之间都有很大的差异，并受医疗废物管理办法、医疗卫生机构类型与服务内容、回收利用目录、患者分布等许多因素影响，如表1-12～表1-15所列为世界卫生组织提供数据。调查数据表明，发达国家的医疗废物产生量高于发展中国家；放射性医疗废物相对核工业而言，数量比重非常小；对于发展中国家，通常医疗废物中病理性废物和传染性废物产生量约占总量的75%，损伤性废物约占5%，化学废物和药物性废物约占15%，其他废物等约占5%。

表1-12　不同经济发展水平国家的医疗卫生机构的废物和医疗废物产生量

国家经济发展水平	废物种类	产生量/（kg/人）
高收入国家	医疗卫生机构产生废物	1.1～12.0
	危害性医疗废物	0.4～5.5
中收入国家	医疗卫生机构产生废物	0.8～6.0
	危害性医疗废物	0.3～0.4
低收入国家	医疗卫生机构产生废物	0.5～3.0

表1-13　高经济水平国家不同类型医疗卫生机构的废物产生量

医疗卫生机构类型	产生量/[kg/（d·床）]
大学医院	4.1～8.7
市级以上综合性医院	2.1～4.2
区县级中心医院	0.5～1.8
私人医院	0.05～0.2

表 1-14　不同医疗废物的产生量

医疗废物类型	产生量 /[kg/(d·床)]
化学废物和药物性废物	0.5
损伤性废物	0.04
化学性废物	0.5

表 1-15　世界各地区医疗卫生机构产生废物量

地区		产生量 /[kg/(d·床)]
北美地区		7 ～ 10
西欧地区		3 ～ 6
拉丁美洲		3
东亚地区	高收入国家	2.5 ～ 4
	中收入国家	1.8 ～ 2.2
东欧地区		1.4 ～ 2
地中海东部地区		1.3 ～ 3

　　对于医疗卫生机构，在进行医疗废物管理规划前应首先通过调查的方式摸清医疗废物的产生情况。世界卫生组织提供的典型地区医疗卫生机构的医疗废物产生量数据如表 1-16 ～表 1-18 所列。

表 1-16　欧洲小型医疗卫生机构的医疗废物产生量

医疗废物来源类型	医疗废物类型	产生量 /(kg/a)
综合性服务机构	损伤性废物	4
	传染性废物	20
抽血服务机构	传染性废物	175
妇科服务机构	传染性废物	350
护理服务机构	损伤性废物	20
	传染性废物	100
牙科服务机构	损伤性废物	11
	传染性废物	50
	化学性废物	2.5
生物药品研究机构	传染性废物	>300
肾透析服务机构	传染性废物	400

注：生物药品研究机构按每天 60 个分析计算，肾透析服务机构按每周 3 个服务对象计算。

表 1-17　拉丁美洲和加勒比海地区部分国家医疗卫生机构产生废物量

国家	床位数 / 张	产生量 / (t/a)
阿根廷	150000	32850
巴西	501660	109960
古巴	50293	11010
牙买加	5745	1260
墨西哥	60100	13160
委内瑞拉	47200	10340

注：每张床位按每年产生 0.22t 医院废物进行估算。

表 1-18　坦桑尼亚共和国政府医疗卫生机构的医疗废物产生情况

医疗卫生机构类型	产生量 / [kg/(d·人)]
区域性医院	0.08
郊区健康中心	0.01
市区诊所	0.02
郊区诊所	0.01

据文献报道，美国每年医疗废物产生量达 200 万吨，约占固体废物总量的 1%。一般情况下，据国内外专业机构经验计算，经济发展中等程度的大中城市医疗废物产生量通常是按住院部产生量和门诊产生量之和计算，住院部为 0.5～1.0kg/（床·d），门诊部为 20～30 人次产生 1kg。

1.3　医疗废物产量与预测

1.3.1　国外城市医疗废物的产量与成分

（1）发达国家城市医疗废物的产量与成分

据调查研究表明，美国约 375000 处产生源产生 456000t 医疗废物。而大部分医疗废物（约 77%）是由不到全部产生源 2% 的医院产生。其他大量、各种各样的产生源包括实验室、医师办公室、兽医院等，这些产生源每月的大多数产量不到 25kg。美国医疗废物产生源的类型及数量和每类产生源产生医疗废物的大约数量汇总于表 1-19。医疗废物组分的性质汇总于表 1-20。

表 1-19 医疗废物的产生源和数量

产生源类型	产生源数量 / 处	产生总量 / (t/a)	每个单位产生量 / (kg/ 月)
医院	7100	359000	3814
实验室	4300	15400	272
诊所	15500	16700	82
医师办公室	180000	16400	11
牙医办公室	98400	7600	6
兽医院	38000	4600	9
长期保健院	12700	29600	177
血站	900	2400	200
火葬场	20400	3900	—
合计	377300	455600	—

表 1-20 医疗废物组分的性质

组分	干热值 / (J/kg)	密度 / (kg/m³)	含水率 /%	燃烧热值 / (J/kg)
剖尸	19 ～ 28	800 ～ 1200	70 ～ 90	2 ～ 8
塑料	33 ～ 46	80 ～ 2304	0 ～ 1	33 ～ 46
药签, 吸收剂	19 ～ 28	80 ～ 992	0 ～ 30	13 ～ 28
酒精, 消毒剂	26 ～ 33	768 ～ 992	0 ～ 30	26 ～ 33
动物剖尸	21 ～ 37	480 ～ 1440	60 ～ 90	2 ～ 15
玻璃	0	2800 ～ 3600	0	0
床单, 剃物, 纸, 排泄物	19 ～ 21	320 ～ 720	10 ～ 50	9 ～ 19
纱布, 棉球, 衣服, 纤维	19 ～ 28	80 ～ 992	0 ～ 30	13 ～ 28
塑料, 注射器	23 ～ 46	80 ～ 2304	0 ～ 1	23 ～ 24
锐器, 针头	0.1	7200 ～ 8000	1	0.1
流体, 残余物	0 ～ 23	992 ～ 1008	80 ～ 100	0 ～ 23

对美国和加拿大的医院医疗废物产生状况的调查统计研究表明：城市医疗废物的产生率随着年份往后而增大，见表 1-21。

表 1-21   美国和加拿大的医院医疗废物产生率汇总

来源	年份	产生率 /[kg/（床·d）]
Pollock，1978	1968 年调查	3.0
	1974 年调查	4.1
	1975 年（调查）	4.3
	1974 年（估算）	4.1
Airan et al.，1980	1980 年（调查）	7.5
McCrate，1980	1980 年（调查）	1.5 ~ 3.9
Henry et al.，1996	1996 年（调查）	4.5 ~ 9.1

美国医疗废物的主要物质组成见表 1-22。

表 1-22   医疗废物的主要组成

组成	纸类	塑料类	水分	其他
含量 /%	55	30	10	5

4 种主要医用塑料为聚乙烯、聚苯乙烯、聚氨酯、聚氯乙烯，其化学成分分别见表 1-23。

表 1-23   4 种主要医用塑料的化学成分   单位：%（质量分数）

成分	聚乙烯	聚苯乙烯	聚氨酯	聚氯乙烯
水分	0.20	0.20	0.20	0.20
碳	84.38	86.91	63.14	45.04
氢	14.14	8.42	6.25	5.60
氧	0.00	3.96	11.61	1.56
氮	0.06	0.21	5.98	0.08
硫	0.03	0.02	0.02	0.14
氯	0.00	0.00	2.42	45.32
灰分	1.19	0.45	4.38	2.06
高发热量 /（kJ/kg）	46334.4	38640	26334	22932

（2）发展中国家城市医疗废物的产量与成分

坦桑尼亚是一个发展中国家，调查研究显示，首都 Dares Slaan 城市的 49 家医院（Dares Slaan 市共有 346 家医疗机构，其中 73% 为私有，27% 为政府创办）的医疗废物管理研究报告中得到的结果为：医院医疗废物产生率平均值为 2.43kg/（床·d），波动范围 0.84 ～ 5.8kg/（床·d），医疗单位人均产生率平均值为 0.66kg/（人·d），波动范围 0.03 ～ 1.8kg/（人·d），医疗设施条件好的医院医疗废物人均产生率是条件差的医院的 9 倍，详见表 1-24。

表 1-24　Dares Slaan 城市医院医疗废物产生率

医院名称	病床数 / 床	产生率	
		kg/（人·d）	kg/（床·d）
Shree Hindu Mandal（私有）	70	0.37	1.83
Ilata（公有）	130	0.26	1.37
University Health Care（机构）	24	0.41	3.5
Temeke（公有）	140	0.15	1.21
Mission Mikocheni（私有）	150	0.79	0.84
Aga Khan（公有）	88	1.3	5.8

Dares Slaan 城市医疗废物成分主要包括病理性废物、沾血的织物、棉球、用过的注射器、破的瓶子和玻璃、纸、铁罐和其他金属、蔬菜 / 垃圾和锐器（针头、手术刀）。所有调查的医院都产生使用过的注射器、破的瓶子和玻璃、纸、棉球。产生各类废物的医院比例见表 1-25。由于提供住院服务的医院数量较多，因此产生蔬菜 / 垃圾的医院比例较高。

表 1-25　产生不同废物的医院比例

废物的类型	产生该类废物的医院比例 /%
病理性废物	67.4
棉球	93.5
破的瓶子和玻璃	93.5
铁罐和其他金属	54.4
蔬菜 / 垃圾和锐器（针头、手术刀）	97.8

1.3.2 我国医疗废物的产量及预测

据调查统计，全国医疗卫生机构总数达 90 万～ 110 万个，居民年均到医疗卫生机构平均就诊次数超过 5 次。种种数据表明，我国对医疗卫生事业的改革与发展支持的力度可见一斑。

我国大中城市医院的医疗废物的产生量一般是按住院部产生量和门诊产生量之和计算，表 1-26 是国内某年各大中城市的医疗废物产生现状，可以看出一般大中城市医疗废物产污系数为 0.2 ～ 1kg/（床·d）；其中一线城市（北上广深）基本在 0.7 ～ 1kg/（床·d）范围内，二、三线城市基本在 0.2 ～ 0.6kg/（床·d）的范围内。

表 1-26 某年国内医疗废物产生现状

城市	卫生机构/家	医院/家	病床数/张	病床使用率/%	门诊人数/万人次	医疗垃圾产量/（t/d）	产污系数/[kg/（床·d）]
上海	4987	332	122264	95.33	24093.28	94.5	0.77
北京	10265	672	109789	80	13235.15	77.8	0.71
广州	3749	224	77011	88.85	13830.79	54.8	0.71
深圳	2228	117	29261	84.2	9112	28.8	0.98
西安	5554	281	51065	85.16	5328.2	37.4	0.73
武汉	2760	164	66563	95.66	6187	36.4	0.55
天津	4990	631	60984	77	11544	26.7	0.44

资料来源：表中数据来自各地统计局。

1.3.3 医疗废物产量的预测方法

由于医疗废物来源广泛，很难准确、严格地统计产生量。通常是根据医疗机构的病床数、病床使用率以及单位病床平均每天产生的医疗废物量估算医疗废物的总产生量。

影响医疗废物产量的主要因素有很多，主要受经济发展水平、居民生活水平、医院病床数、病床利用率、就诊人数、医疗服务水平等影响较多。根据上述影响因素通常采用以下两种研究方法来预测未来医疗废物产量：

① 根据卫生机构未来的病床总数预测产量；

② 根据往年医疗废物产量的增长速率预测未来产量。

（1）根据床位数预测产量

医疗机构病床数在一定程度上反映了医院的规模、等级和提供卫生服务的能力。制定医院病床配置标准需要依据居民的住院需求、人口规模与结构、疾病谱、标准病床工作日、住院天数等指标。

每千人口医疗机构床位数体现了床位的分布情况，也反映了医疗卫生服务的可及性，这个指标在不同的地区之间因为经济水平不同会有差异，全国各个城市都会定期发布该项指标的具体数据。

鉴于各个城市的卫生资源配置和医疗卫生服务水平不同，各城市配置的病床总数与人口有很大关系，人口因素是造成医疗废物快速增长的决定因素。以人口因素为主要考量因素，并结合各城市每千人医疗废物床位数的规划，预测医疗废物产量的计算公式如下：

$$W_T = PAN \times 10/1000 \qquad (1\text{-}1)$$

式中　W_T——未来某年城市医疗废物产生量，t/d；

　　　P——本市常住人口，万人；

　　　A——千人均配置床位数，张 / 千人；

　　　N——每张床位产生量，t/ 张。

（2）根据医疗废物增长速率预测产量

目前，国内各大城市每年所处理的医疗废物都有递增，本预测方法建立在调查统计资料的基础上，根据历年的调查统计资料，先确定城市医疗废物的年递增率，再以新近年份城市医疗废物的产生量作为基准年产生量，就可以计算未来某年城市医疗废物产生量。本法较适应于历年的调查统计资料比较齐全、准确，预测年度数不大，城市医疗废物年递增率变化不大，在一定阶段后城市医疗废物年递增率应根据实际情况进行调整。

预测公式如下：

$$W_T = W(1+a)^n \qquad (1\text{-}2)$$

式中　W_T——未来某年城市医疗废物产生量，t/d；

　　　W——城市医疗废物基准年产生量，t/d；

a——城市医疗废物年递增率；

n——从基准年开始到预测年的年度数。

（3）基于人工智能预测产量

近年来人工智能在固体废物管理领域得到广泛应用，如生活垃圾产量预测等。医疗垃圾作为一种与人口数、就医人数等因素强相关的垃圾，使用机器学习对医疗垃圾预测具有很大潜力。机器学习用于产量预测一般可分为生成模型和回归模型，其中生成模型将预测目标的产生与一些已知的量相关联，通过机器学习拟合其非线性关系并且实现对目标的预测。回归模型是建立在医疗废物每日产生数据的基础上，将其作为时间序列数据并且对这一过程进行拟合，挖掘其背后规律并且实现对目标的预测。一些研究者已经使用机器学习或者深度学习算法对医疗垃圾产量进行了预测，如 Altin 等使用支持向量机 SVM（support vector machines）对医院产生的医疗废物进行了预测，并实现了良好的效果，如图 1-1 所示。

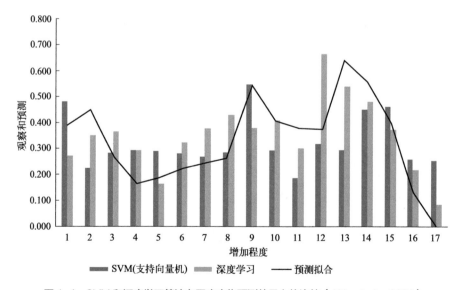

图 1-1 SVM 和深度学习算法在医疗废物预测效果上的比较（Altin et al.，2023）

1.4　医疗废物的危害与污染

1.4.1　医疗废物对环境的危害特性

医疗废物的毒性以及腐蚀性、易燃性、反应性等其他危害都会对自然环境造成直接负面影响。医疗废物隶属危险废物，危险废物危害定义也同样适用于医疗废物，危害具体表现如下。

（1）毒性

毒性主要表现为以下 3 类。

① 浸出毒性指用规定方法对废物进行浸取，在浸取液中若有一种或一种以上有害成分的浓度超过规定标准，就可认定具有毒性。

② 急性毒性指一次投给实验动物加大剂量的毒性物质，在短时间内所出现的毒性。通常用一群实验动物出现半数死亡的剂量即半致死剂量表示。按照摄毒的方式急性毒性又可分口服毒性、吸入毒性和皮肤吸收毒性。

③ 其他毒性主要包括生物富集性、刺激性、遗传变异性、水生生物毒性等。

（2）腐蚀性

腐蚀性指含水废物的浸出液或不含水废物加入水后的浸出液，能使接触物质发生质变，就可以说该废物具有腐蚀性。按照规定，浸出液 $pH \leqslant 2$ 或 $pH \geqslant 12.5$ 的废物；或温度 $\geqslant 55℃$ 时，浸出液对规定的牌号钢材腐蚀速率 $>$ 0.64cm/a 的废物为具有腐蚀性的物质。

（3）易燃性

燃点较低的废物，或者经摩擦或自发反应而易于发热从而进行剧烈、持续燃烧的废物，便是具有易燃性。闪点温度低于 60℃ 的液体、液体混合物废物也具有易燃性。

（4）反应性

在无引发条件的情况下，由于本身不稳定而易发生剧烈变化，例如：与水能反应形成爆炸性混合物，或产生有毒的气体、蒸汽、烟雾或臭气；在受热的条件下能爆炸；常温常压下即可发生爆炸等，此类废物则可认为具有反应性。

上述这些危害在某些文献中会以代码的形式来表示，相应的代码如表1-27所列。

表 1-27　危害代码含义

感染性	易燃性	腐蚀性	反应性	毒性	急性毒性
In	I	C	R	T	H

医疗废物的危害也有的表现为短期的急性危害和有的表现为长期的潜在性危害，其中短期的急性危害主要指急性中毒等，长期的潜在性危害主要指慢性中毒、致癌、致畸、致突变、污染地面水或地下水等。这些危害中与安全相关的性质有腐蚀性、易燃性、反应性；与健康相关的性质有致癌性、传染性、刺激性、突变性、毒性、放射性、致畸变性。

1.4.2　医疗废物对环境的污染

近年来，医疗废物对环境和健康的影响日益受到公众和法律的关注。医疗废物中的有害物质不仅能造成直接的危害，还会在土壤、水体、大气等自然环境中迁移、滞留、转化，污染土壤、水体、大气等人类赖以生存的生态环境。

1.4.2.1　对土壤的污染

医疗废物是伴随医疗服务过程中发生的，如处置不当，任意露天堆放，不仅占用了一定的土地，导致可利用土地资源减少，而且大量的有毒废渣或废液在自然界到处流失，很容易就接触到土壤，有的医疗卫生机构甚至将医疗废物简单掩埋，这对土壤的污染是不言而喻的。而医疗废物的有毒物质一旦进入土壤会被土壤所吸附，对土壤造成污染，杀死土壤中微生物和原生动物，破坏土壤中的微生态，反过来又会降低土壤对污染物的降解能力；其中的酸、碱和盐类等物质会改变土壤的性质和结构，导致土质酸化、碱化、硬化，影响植物根系的发育和生长，破坏生态环境；同时许多有毒的有机物和重金属会在植物体内积蓄，当土壤中种有牧草和食用作物时，由于生物积累作用，会最终在人体内积聚，对肝脏和神经系统造成严重损害，诱发癌症和使胎儿畸形，如含汞的重金属医疗废物等。

1.4.2.2　对水域的污染

医疗废物可以通过多种途径污染水体，如可随地表径流进入河流湖泊，或随风迁徙落入水体，特别是当医疗废物露天放置或者混入生活垃圾露天堆放时，有害物质在雨水的作用下很容易流入江河湖海，造成水体的严重污染与破坏。最为严重的是有些医疗卫生机构甚至将医疗废物直接倒入河流、湖泊或沿海海域中，造成更大环境污染和危害。其中的有毒有害物质进入水体后，首先会导致水质恶化，对人类的饮用水安全造成威胁，危害人体健康；其次会影响水生生物正常生长，甚至杀死水中生物，破坏水体生态平衡。医疗废物中往往含有重金属和人工合成的有机物，这些物质大都稳定性极高，难以降解，水体一旦遭受污染就很难恢复。对于含有传染性病原菌的医疗废物，一旦进入水体将会迅速引起传染性疾病的快速蔓延，后果不堪设想。许多有机性医疗废物长期堆放后也会和城市垃圾一样产生渗滤液。渗滤液危害众所周知，它可进入土壤使地下水受污染，或直接流入河流、湖泊和海洋，造成水资源的水质型短缺。

1.4.2.3　对大气的污染

医疗废物在堆放过程中，在温度、水分的作用下，某些有机物质发生分解产生有害气体；有些医疗废物本身含有大量易挥发的有机物，在堆放过程中会逐渐散发出来；还有一些医疗废物具有一定的反应性和可燃性，在和其他物质反应过程中或自燃时会放出 CO_2、SO_2 等气体，污染环境，而火势一旦蔓延，则难以救护。以微粒状态存在的医疗废物在大风吹动下将随风飘扬，扩散至远处，既污染环境，影响人体健康，又会沾污建筑物、花果树木，影响市容与环境卫生，扩大危害面积与范围。此外，医疗废物在运输与处理的过程中，如不采用严格的封闭措施，产生的有害气体和粉尘也常常是十分严重的。医疗废物扩散到大气中的有害气体和粉尘不但会造成大气质量的恶化，一旦进入人体和其他生物群落还会危害人类健康和生态平衡。

1.4.2.4 危险废物中有害物质的物理、化学和生物转化

医疗废物对健康和环境的危害除了和有害物质的成分、稳定性有关外，还和这些物质在自然条件下的物理、化学和生物转化规律有关。

（1）物理转化

自然条件下医疗废物的物理转化主要是指其成分相的变化，而相变化中最主要的形式就是污染物由其他形态转化为气态，进入大气环境。气态物质产生的主要机理是挥发、生物降解和化学反应，其中挥发是最为主要的，属于物理过程。挥发的量和速度与污染物的分子量、性质、温度、气压、比表面积、吸附强度等因素有关。通常低分子有机物在温度较高、通风良好的情况下较易挥发。因而挥发是医疗废物污染大气的主要途径之一。

（2）化学转化

医疗废物的各种组分在环境中会发生各种化学反应而转化成新的物质，这种化学转化有两种结果：一是理想情况下，反应后的生成物稳定、无害；二是反应后的生成物仍然有毒有害，例如不完全燃烧后的产物，不仅种类繁多，而且大都是有害的，甚至某些中间产物的毒性还大大超过了原始污染物（如无机汞在环境中会转化成毒性更强的有机汞等），这也是医疗废物受到越来越多关注的原因之一。在自然的环境中，除反应性物质外，大多数医疗废物的稳定性很强，化学转化过程非常缓慢，因此，要通过化学转化在短时间内实现医疗废物的稳定化、无害化必须采用人为干扰的强制手段，例如焚烧等。

（3）生物转化

除化学反应外，医疗废物裸露在自然环境中，在迁移的同时还会和土壤、大气和水环境中的各种微生物及动植物接触，这就给医疗废物的生物转化创造了条件。医疗废物中的铬、铅、汞等重金属单质和无机化合物能被生物转

化成一些剧毒的化合物，例如在厌氧条件下会产生甲基汞、二甲砷、二甲硒等剧毒化合物；温度计的汞被释放出来，在厌氧条件下经过几年就会发生汞的生物转化。医疗有机物同样如此，但是降解速率一般很慢。可生物降解的化合物在降解过程中往往会经历以下一个或多个过程：

① 氨化和酯的水解；

② 脱羧基作用；

③ 脱氨基作用；

④ 脱卤作用；

⑤ 酸碱中和；

⑥ 羟基化作用；

⑦ 氧化作用；

⑧ 还原作用；

⑨ 断链作用。

这些作用多数使原化合物失去毒性，但也不排除产生新的有毒化合物的可能，有些产物可能会比原化合物毒性更强。

（4）化学转化和生物转化的协同作用

除了上面提到的化学转化和生物转化，某些医疗废物的转化是化学转化与生物转化共同作用的结果。图 1-2 表示了 TCA（1，1，1- 三氯乙烷）在转变成水和二氧化碳的过程中既有化学作用又有生物作用，两者相互协同，共同作用，缺一不可。

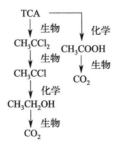

图 1-2　TCA 的化学生物协同转化过程

（5）有害物质的稳定性

医疗废物中的有害物质在环境中虽然会自发地发生物理转化、化学转化和生物转化，但这些有害物质中的大部分不仅处理困难，而且在环境中十分稳定，很难转化。图 1-2 所示为 TCA 的化学生物协同转化过程。因此，在医疗废物的管理中了解这些医疗化合物的环境稳定性是十分关键的问题，见表1-28。

表 1-28　含有稳定和非稳定化合物的医疗废物

典型化合物			危害性
非稳定性化合物	有机化合物	油、低分子溶剂、一些可生物降解的杀虫剂（有机磷、甲氨酸酯）、洗涤剂	在源头或释放点，对环境和生物产生毒害，这种毒性是急性和亚急性的
	无机化合物	非金属单质、无机化合物	
稳定性化合物	有机化合物	高分子含氯芳烃、一些杀虫剂（含氯杀虫剂如六六六、DDT、六氯化苯）	在源头或释放点，也许会发生急性毒性，也可能是慢性中毒，有机废物在食物链内扩散并导致生物富集。由于环境的传递作用，即使生物处在较低水平的污染物中也可能会慢性中毒
	无机化合物	无机酸类废液、无机碱类废液	

由于无机化合物中非金属单质及化合物的性质较为活泼，容易反应，而重金属属于非降解性物质，一般只进行迁移转化，因此通常意义上的化合物的稳定性主要指有机化合物的稳定性，并用半衰期来表示。一般来说，半衰期越大，则说明这种化合物越稳定，在环境中越不易降解，则引起危害的可能性就越大，时间就越长。表 1-29 列出了卤化烷烃的半衰期。

表 1-29　卤化烷烃的半衰期

化合物	半衰期 /a	产物
溴化甲烷	0.10	—
溴苯海拉明	137	—
氯仿	1.3	—
四氯化碳	7000	—

续表

化合物	半衰期 /a	产物
氯乙烷	0.12	乙炔
1，1，2- 三氯乙烷	170	1，1- 二氯乙烯
1，1，1，2- 四氯乙烷	384	三氯乙烯
三氯乙烯	0.9	—
四氯乙烯	0.7	—
溴丙烷	0.07	溴丙烯
二溴丙烷	0.88	—

综上所述，医疗废物对环境的污染丝毫不弱于废水、废气，甚至其危险性还超过了后两者，因此必须采取严格措施，进行及时、合理的处理处置。

1.5　医疗废物对人体健康的影响

1.5.1　医疗废物对人体的暴露风险

医疗废物由于具有感染性，在收集转运过程当中对工作人员和民众都存在一定的暴露风险。相关研究表明，在一个专门从医院运送传染性和医疗保健废物的运输部门的工作人员中，在一年的观察期间，工作人员在工作过程中因医疗废物感染而发生事故或受伤（用针或其他锐器刺伤）的占比达到42.5%，37.8% 曾感染或接触过传染性液体，18.9% 发生过交通事故（汽车周转、碰撞等）和 8.3% 的感染和医疗废物或渗滤液从车辆或容器中倾泻而出（Hansakul，2019）。

1.5.2　医疗废物焚烧的环境风险

除了医疗废物在收集、转运过程中对人体造成的健康风险外，由于医疗废物焚烧而产生的环境风险也会对人体健康造成不利影响。例如在新冠肺炎疫情防控期间，印度由于焚烧医疗废物对环境造成了比较严重的污染，并且带来了严重的健康危害（具体见表1-30），包括：不同类型的恶性肿瘤，如皮肤癌、肺癌、脑癌、乳腺癌等；除此之外，还会造成呼吸疾病、荷尔蒙失调、先天性异常等疾病的发生。

表1-30　印度新冠肺炎疫情防控期间焚烧医疗废物污染物排放情况（Thind et al., 2021）

编号	污染物	排放因子 /(kg/t)	焚烧排放 /[mg/(m³·d)]	
			新冠肺炎疫情防控期间医疗废物	总医疗废物
1	NO_x	1.78	$3.63×10^{-5}$	$6.36×10^{-5}$
2	CO	1.48	$3.02×10^{-5}$	$5.29×10^{-5}$
3	SO_x	1.04	$2.12×10^{-5}$	$3.71×10^{-5}$
4	PM	0.74	$1.51×10^{-5}$	$2.65×10^{-5}$
5	HCl	0.07	$1.42×10^{-6}$	$2.49×10^{-6}$
6	PCB	0.02	$4.75×10^{-8}$	$8.32×10^{-8}$
7	Be	0.003	$6.36×10^{-9}$	$1.11×10^{-8}$
8	Cr	0.0005	$1.05×10^{-8}$	$1.84×10^{-8}$
9	Ni	0.001	$2.59×10^{-8}$	$4.54×10^{-8}$
10	As	0.0002	$3.34×10^{-10}$	$5.86×10^{-10}$
11	Cd	0.03	$7.58×10^{-7}$	$1.33×10^{-6}$
12	Pb	0.04	$7.12×10^{-7}$	$1.25×10^{-6}$
13	Hg	0.09	$1.76×10^{-7}$	$3.09×10^{-7}$

第 2 章 ▶ ▶ ▶ ▶ ▶ ▶

医疗废物全流程
污染控制与管理框架

◀ ◀ ◀ ◀ ◀ ◀

- ▲ 医疗废物政策法规框架
- ▲ 医疗废物管理框架
- ▲ 我国医疗废物的处置管理模式
- ▲ 我国医疗废物污染控制现状和发展方向

随着经济社会的快速发展，以及医疗保障水平的提高，医疗废物的种类和数量大幅增加，由此引发的环境问题也日益凸显，影响人体健康，损害生态安全。因此，加强医疗废物管理工作、加大医疗废物治理力度，对提高环境治理水平、降低民众健康风险具有重要意义。

2.1　医疗废物政策法规框架

2.1.1　国外医疗废物污染防治法规

（1）美国

在医疗废物管理体制上，美国体现了典型的联邦制的特点，以州层面的管理为主，联邦层面的监管为辅。美国环境保护署（EPA）自 1991 年起不负责医疗废物的直接管理，而是下放给州政府管辖。如图 2-1 所示，联邦政府各部门主要负责出台相关标准及规范、制定医疗废物的总体框架，具体落实则由各州政府自主完成。由联邦政府制定的一系列全国性的医疗废物相关法规在 1991 年后均已失效，仅有 1992 年发布的《州医疗废物管理示范指南》作为非强制性的文件，指导各州开展医疗废物的管理。目前，美国几乎每个州都颁布了各自的医疗废物管理条例。在大多数州中，由州环保局主要负责制定和执行医疗废物管理和处置条例；也有一些州例外，是由卫生部门发挥关键作用（如加利福尼亚州、密苏里州），甚至充当主要监管机构（如科罗拉多州）。

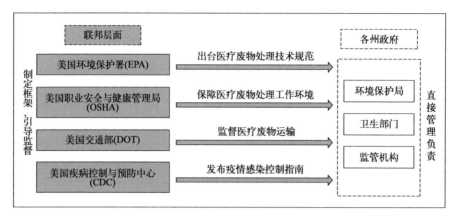

图 2-1　美国医疗废物管理体系

针对存在感染风险的医疗废物的处理，美国国家安全委员会组织疾病控制与预防中心、美国环境保护署、美国交通部等部门共同编制了《A 类感染性固体废物管理指南》和《处理被 A 类感染性物质污染的固体废物的规划指南》两份文件，用于指导各部门就医疗废物的收集、运输、处置各环节制定方案。

（2）德国

同样作为联邦国家的德国，其医疗废物管理体系和美国有一定的相似之处，具体的管理落实工作也是交由州政府完成，但其政策框架又体现出欧盟国家的特点，如图 2-2 所示。《欧洲废弃物框架指令》《欧洲废弃物填埋指令》等欧盟文件是德国制定国家性法规的基础。德国目前在废弃物处置领域的核心法规是《循环经济法》，它对生活垃圾、工业垃圾、医疗废物等各类废弃物的管理及处置做出全面规定；由于医疗废物具有危险性，其管理及处置还应遵循德国《传染病预防和控制法》《职业健康与安全法》等法规中的相关规定。

此外，卫生部门也为医疗废物的处置提供了健康与安全方面的指导意见。德国联邦卫生部（BMG）下设罗伯特·科赫研究所（RKI）作为疾病监测和预防领域的研究机构，其核心任务是对具有高危险性、高传播度的疾病开展流行病学和医学分析等科学研究以及风险评估工作，并为德国联邦卫生部和联邦政府各部门提供咨询服务，参与制定重大疾病应对法规以及相关医疗废物处置工艺规范。

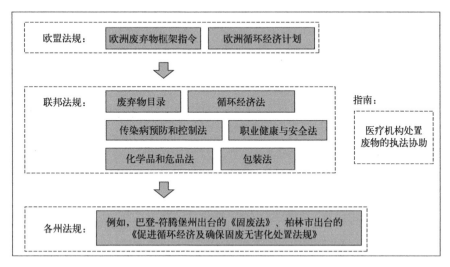

图 2-2　德国医疗废物管理体系

（3）英国

英国医疗废物处置相关的核心法规是于 1990 年颁布的《环境保护法》，其中明确了废弃物管理的相关义务，在此基础上英国政府陆续颁布《危险废物条例》（2005 年修订版）、《废弃物管控条例》（2012 年版）及《法定审慎责任规定》等法规，建立了覆盖医疗废物产生到处置全过程的法律体系。英国医疗废物管理涉及的主要职能部门包括卫生部门、环境部门以及运输部门，其中公共卫生部主要通过发布指南指导医疗废物处置工作有序开展；医疗机构作为英国主要的医疗废物生产者，有责任和义务在医疗废物前期流程安排专业人员负责医疗废物的分类、贮存和安全转运，并配合后续审计工作；各地环境局主要负责审核环境许可和废弃物管理许可，以及人员培训管理等事务；公共卫生部、各地环境局以及健康与安全执行局共同对医疗废物处置工作进行监管（见图 2-3）。

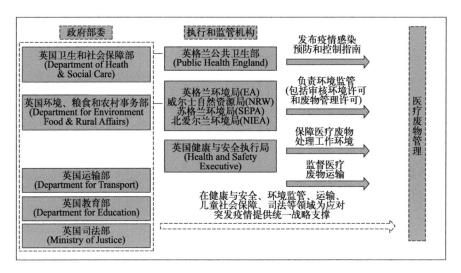

图2-3　英国医疗废物管理体系

　　由于英国体制特殊，医疗废物的具体收集、转运、处置的要求在英格兰、苏格兰、威尔士和北爱尔兰都各有不同，在涉及跨境转移时需加以注意。2013年3月，英国卫生和社会保障部，英国环境、粮食和农村事务部，英国运输部以及相关监管机构共同发布了《环境与可持续健康技术备忘录07-01：医疗废物的安全管理》，详细明确了英国废弃物管理的各个环节，包括废弃物的分类和定义、评估流程、医疗废物贮存、转运措施、处理处置标准和技术体系和废弃物管理许可等相关措施，是医疗废物管理与处置的系统性指南。

（4）日本

　　《废弃物的处理及清扫相关法律》是日本在固体废物领域的核心法规，其中对医疗废物的处置提出了要求。针对感染性医疗废物的处理处置问题，日本于2018年对1992年颁布的《基于废弃物处理法的感染性废弃物处理指南》进行修订，对感染性废弃物处理处置相关责任主体、管理体系建设、设施内处理、运输、委托处理和最终处置做出明确规定。此外，全国产业废弃物联合会等政府直辖的平台组织陆续发布《感染性废弃物处理指针》（2009年）、《感染性废弃物收集搬运自主基准》及《感染性废弃物焚烧处置基准》等行业指南、行业标准性文件。在系统的政策规定和明确的行政职责区分下，日本已经形成针对医疗废物从产生、收集、运输、贮存、处理、最终处置各个环节的有效管理体系（见图 2-4）。

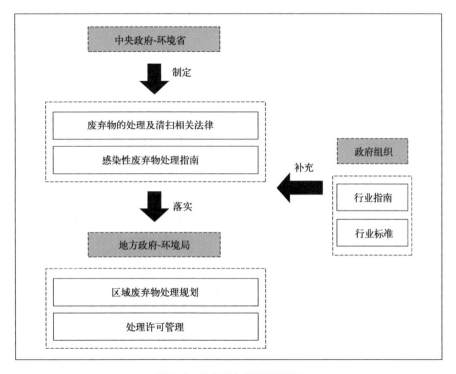

图 2-4　日本医疗废物管理体系

2.1.2　我国医疗废物污染防治法规和控制标准体系

法律、行政法规、部门规章、标准规范、指导性文件和行政部门复函共同构成了我国环境管理体系。医疗废物属于危险废物，伴随着我国危险废物全过程管理体系的建立而不断发展完善。但医疗废物又具有特殊性，源头产生特点上涉及医疗公共服务，末端收运处置上既涉及环境污染防治，又涉及公共卫生安全，所以医疗废物管理法规政策体系既遵循了危险废物全过程管理的普遍原则，也形成了生态环境和卫生健康部门共同管理的独立管理条线。

《中华人民共和国固体废物污染环境防治法》（以下简称《固废法》）在1995年颁布，2004年、2013年、2020年分别做了主要修订，是我国固体废物管理的专门性法律，是固体废物污染防治的法律基础。涉及危险废物管理的主要法律还包括我国签署的《巴塞尔公约》和《斯德哥尔摩公约》。医疗废物管理的法律还包括《中华人民共和国传染病防治法》（以下简称《传染病防治法》）。所以，《固废法》《传染病防治法》以及《巴塞尔公约》和《斯德哥尔摩公约》共同构成了我国医疗废物管理的法律基础。

2003年SARS疫情的发生凸显了医疗废物公共卫生安全的特殊性，加速推动医疗废物管理独立发展。2003年6月16日《医疗废物管理条例》（国务院令第380号）颁布实施，在《固废法》和《传染病防治法》的基础上细化规定了通用性、医疗卫生机构、集中处置、监督管理等具体管理要求，形成了医疗废物独立于危险废物的全过程管理基础。同年，国家环境保护总局配套颁布部门规章《医疗废物集中处置技术规范（试行）》（环发〔2003〕206号）规定了医疗废物集中处置过程的暂时贮存、运送、处置的技术要求，规定了相关人员的培训与安全防护要求、突发事故的预防和应急措施、重大疫情期间医疗废物管理的特殊要求；卫生部配套颁布部门规章《医疗卫生机构医疗废物管理办法》（卫生部令第36号）规定了医疗卫生机构应当有效预防和控制医疗废物对人体健康和环境产生危害的具体要求，颁布《医疗废物分类目录》（卫医发〔2003〕287号）规定了医疗废物的分类及具体范围，至此我国形成了医疗废物从源头医疗卫生机构产生、分类、转移交接、贮存、处置全过程管理的细化操作性要求，建立医疗废物全过程管理体系。针对医疗废物处置能力的不足，国务院又批准发布了指导性文件《全国危险废物和医疗废物处置设施建设规划》，主要采取集中处置模式，以地级市为单位建设医疗废物处置设施，并明确了安排中央和地方财政性建设资金予以支持。

1999年国家环境保护总局颁布的《危险废物转移联单管理办法》（总局令第5号）和2004年国务院颁布的《危险废物经营许可证管理办法》（国务院令第408号）分别细化明确了危险废物（含医疗废物）全过程管理的两项核心制度，即转移联单制度和经营许可制度。目前《危险废物转移联单管理办法》已修订为《危险废物转移管理办法》（部令第 23 号），并自 2022 年 1 月 1 日起施行。

以新冠肺炎疫情和 2020 年新修订的《固废法》对医疗废物管理产生的深远影响作为分水岭，2005 ～ 2019 年期间可以看作是我国医疗废物管理技术标准体系健全深化阶段。发布的医疗废物直接相关的技术标准主要包括《医疗废物集中焚烧处置工程建设技术规范》（HJ/T 177—2005）、《医疗废物高温蒸汽集中处理工程技术规范（试行）》（HJ/T 276—2006）、《医疗废物焚烧环境卫生标准》（GB/T 18773—2008）、《医疗废物专用包装袋、容器和警示标志标准》（HJ 421—2008）、《医疗废物集中焚烧处置设施运行监督管理技术规范（试行）》（HJ 516—2009）、《医疗废物处理处置污染防治最佳可行技术指南（试行）》（HJ-BAT-8）、《危险废物（含医疗废物）焚烧处置设施性能测试技术规范》（HJ 561—2010）。

2020 年，新冠肺炎疫情的发生和持续对医疗废物管理产生深远影响。2020 年 2 月 21 日习近平总书记在中央政治局召开会议指出，要加快补齐医疗废物、危险废物收集处理设施方面的短板。国务院出台《关于做好新冠肺炎疫情常态化防控工作的指导意见》（国发明电〔2020〕14 号）。国家卫生健康委主要出台了《关于印发医疗机构废弃物综合治理工作方案的通知》（国卫医发〔2020〕3 号）、《关于做好新型冠状病毒感染的肺炎疫情期间医疗机构医疗废物管理工作的通知》（国卫办医函〔2020〕81 号）。生态环境部主要出台了《新型冠状病毒感染的肺炎疫情医疗废物应急处置管理与技术指南（试行）》。同时国家发展改革委出台了《医疗废物集中处置设施能力建设实施方案》（发改环资〔2020〕696 号）。2020 年修订实施的《固废法》新增的第九十一条规定"重大传染病疫情等突发事件发生时，县级以上人民政府应当统筹协调医疗废物等危险废物收集、贮存、运输、处置等工作，保障所需的车辆、场地、处置设施和防护物资。卫生健康、生态环境、环境卫生、交通运输等主管部门应当协同配合，依法履行应急处置职责。"由此上述主要法规政策构成了涉疫情医疗废物在常规医疗废物基础上的特殊的全过程管理体系，并推动我国医疗废物收运处置能力和应急处置能力在近年来大幅度提升。

2.2　医疗废物管理框架

2.2.1　医疗废物管理角色与机制

医疗废物全过程管理角色包括监督管理部门、医疗废物产生者、运输单位、集中处置单位，涉及地方人民政府、卫生健康管理部门、生态环境部门、交通运输部门、医疗卫生机构、医疗废物集中处置单位等。

① 监督管理部门是医疗废物全过程管理的核心角色，负责制定相关法规、政策和标准，监督和指导医疗废物管理工作的实施，需要确保医疗废物管理符合国家和地方的环境保护法律法规，监督医疗废物产生者、运输单位和集中处置单位的合规行为，以及医疗废物处理过程中的环境污染防治措施。监督管理部门还要开展定期的检查和评估，对不符合要求的单位进行处罚，对合规单位进行奖励，以确保医疗废物管理工作的有效执行。

② 医疗废物产生者主要是医疗卫生机构，医疗卫生机构是医疗废物产生的第一责任人。医疗卫生机构法定代表人负责医疗废物的分类与管理，而具体科室和操作人员是直接责任人。医疗卫生机构需要建立医疗废物分类收集制度，监控部门和专（兼）职管理人员的配备，并贯彻管理制度和应急方案。医疗废物产生者还需对工作人员进行职业卫生安全防护和培训，确保医疗废物的内部运送、交接登记、暂时贮存等工作符合规范。同时，医疗卫生机构还需要采取措施防止医疗废物流失、泄漏和扩散。

③ 运输单位负责医疗废物的转移和运送过程中的交通运输管理，应确保医疗废物在运输过程中不发生泄漏和扩散，避免对环境和公共安全造成威胁。运输单位需要配备合格的运输车辆，严格遵守运输规范和安全操作规程，确保医疗废物安全运抵集中处置单位。

④ 集中处置单位是负责医疗废物集中处理的重要角色，负责接收、分类、处置医疗废物，确保处置设施的稳定运行，并配备污染防治设施，保证处置效果达标。集中处置单位还要制定应急预案，以应对突发事件和重大传染病疫情等情况下的废物处置工作。同时，集中处置单位需要加强安全生产和劳动保护措施，确保员工的健康和安全。

⑤ 地方人民政府在医疗废物管理中扮演着领导和协调的角色，应制定相

关的医疗废物管理政策和计划，确保医疗废物管理纳入环境保护、公共卫生和可持续发展的整体规划中。地方政府负责组织、协调、督促有关部门依法履行医疗废物管理职责，加强监督检查和评估工作，推动医疗废物管理工作的落实和改进。

⑥ 卫生健康管理部门负责对医疗卫生机构的管理，对医疗废物收集、运送、贮存、处置活动中的疾病防治工作实施统一监督管理，需确保医疗废物管理符合疾病防控和公共卫生要求，加强医疗废物与传染病防治工作的衔接，确保医疗废物处理不成为传染源。

⑦ 生态环境部门负责对集中处置单位的管理，对医疗废物收集、运送、贮存、处置活动中的环境污染防治工作实施统一监督管理，需确保集中处置单位配置适当的污染防治设施，并监督处置过程的环境影响。生态环境部门还需要加强对医疗废物产生者和运输单位的监督，确保医疗废物安全处理。

⑧ 交通运输部门负责医疗废物转移运送过程中的交通运输管理，需制定运输规范和安全措施，确保医疗废物运输过程中的交通安全和公共安全。交通运输部门还需要加强与其他部门的协调配合，确保医疗废物顺利运送到集中处置单位。

2.2.2　全过程管理环节

医疗废物全过程管理包括医疗卫生机构对医疗废物分类、收集、包装、运送、临时贮存，医疗废物的交接，集中处置单位对医疗废物的收运、贮存、处置等环节。

① 分类方面，医疗卫生机构是医疗废物产生的第一责任人，是废物分类管理的起点，也是确保医疗废物安全处理和资源化利用的基础。医疗废物应根据不同性质、危险程度和处置要求进行分类，通常分为感染性医疗废物、化学性医疗废物、药物废物、尖锐器械等。

② 收集和包装方面，医疗废物应在产生处进行及时收集，并根据不同类型进行专门的包装。收集容器应具备防漏、防破裂和密闭性，防止废物在运输过程中造成污染和危险。

③ 运送方面，医疗废物的运送需要符合相关运输规范和法规。运输单位负责医疗废物的转移和运送过程中的交通运输管理。运输车辆应具备运输医疗废物的资质，并配备专门的容器和设备，确保医疗废物在运输过程中不发生泄漏和扩散。

④ 贮存方面，医疗废物在运送过程中可能需要进行临时贮存。临时贮存地点应设立在医疗卫生机构内或者其他指定地点，符合环境和卫生要求。临时贮存的时间应尽量缩短，确保废物能够及时送往集中处置单位。

⑤ 交接方面，医疗废物运抵集中处置单位后需要进行交接。交接过程应严格遵循规定，确保医疗废物的数量和类型准确无误。同时，集中处置单位需要对接收的废物进行初步审核，防止收到不符合规定的废物。

⑥ 收运方面，集中处置单位是医疗废物处理的核心环节。他们负责接收、分类、处置医疗废物。在收运过程中，需要确保废物在接收点的安全卸载和分类分拣。

⑦ 处置方面，医疗废物处置是最重要的环节，可以采取多种方式进行处理，包括焚烧、高温消毒、化学处理等。不同类型的废物需要采取不同的处理方法，确保废物彻底无害化处理。

除了传统的废物处理方式外，医疗废物还可以进行资源化利用。例如，通过适当的技术处理，将部分废物转化为能源或者有价值的物质，如发电、再生资源回收等，实现废物资源的最大化利用。医疗废物全过程需要进行严格的监管和记录，相关部门应建立完善的信息化管理系统，对医疗废物的产生、收集、运送、处置等环节进行实时监控和记录，确保医疗废物管理工作的透明化和可追溯性。

2.2.3　医疗废物豁免管理

《国家危险废物名录（2016 年版）》首次规定了《危险废物豁免管理清单》，其中规定了床位总数在 19 张以下（含 19 张）的医疗机构产生的医疗废物的收集活动豁免的要求。《医疗废物分类目录（2021 年版）》明确规定了医疗废物豁免制度，表 2-1 所列《医疗废物豁免管理清单》中规定了一些无风险或风险较低的医疗废物，在满足相应条件时可以按照豁免内容的规定实行豁免管理。

表 2-1　医疗废物豁免管理清单

序号	名称	豁免环节	豁免条件	豁免内容
1	密封药瓶、安瓿瓶等玻璃药瓶	收集	盛装容器应满足防渗漏、防刺破要求，并有医疗废物标识或者外加一层医疗废物包装袋。 标签为损伤性废物，并注明：密封药瓶或者安瓿瓶	可不使用利器盒收集
2	导丝	收集	盛装容器应满足防渗漏、防刺破要求，并有医疗废物标识或者外加一层医疗废物包装袋。 标签为损伤性废物，并注明：导丝	可不使用利器盒收集
3	棉签、棉球、输液贴	全部环节	患者自行用于按压止血而未收集于医疗废物容器中的棉签、棉球、输液贴	全过程不按照医疗废物管理
4	感染性废物、损伤性废物以及相关技术可处理的病理性废物	运输、贮存、处置	按照相关处理标准规范，采用高温蒸汽、微波、化学消毒、高温干热或者其他方式消毒处理后，在满足相关入厂（场）要求的前提下，运输至生活垃圾焚烧厂或生活垃圾填埋场等处置	运输、贮存、处置过程不按照医疗废物管理

2.3　我国医疗废物的处置管理模式

2.3.1　处置管理

医疗废物单独焚烧将大大增加焚烧设备的投入，所需污染控制设备费用很高，也可能污染市区大气。因此，集中焚烧应是优先选择的方法，对于符合有关规定的医疗垃圾都应进行集中焚烧处理。集中焚烧不仅可以节省建设投资，而且可以规模营运，有利于资源综合利用。因此，医疗单位和有关管理部门必须考虑建立集中或区域性的医疗垃圾焚烧厂。无论从技术上还是从经济、管理上看医疗废物集中焚烧处理是可行的。但医疗废物焚烧厂给所坐落地区带来的环境问题和医疗垃圾在运输过程中的有关问题需要进行深入的研究。

（1）集中处理焚烧厂具备要求

集中处理焚烧厂应具备以下要求：

① 应有完善的焚烧处理的运行配置系统，包括分析测试、中心控制、事故预防等，以确保焚烧设施安全、稳定运行；

② 建立风险管理体系，如事故预防系统、紧急事故或突发性事故的应急处理系统、预警系统等。

（2）工人的要求

① 做好健康检查。

② 严格履行操作规程：入焚烧室前穿好工作服、戴好工作帽、防护眼镜、口罩。

③ 严格履行安全操作规程。例如：密闭运输、机械进料、定时观察炉温、及时观察垃圾灰化是否完全；室内定期通风；对垃圾密闭车、贮料仓定期消毒杀蝇灭蛆等。

（3）焚化站的管理

1）建立焚烧台账

① 记录每日运行的医疗废物的来源、种类和产量；

② 对焚烧过程中的炉温要记录清楚，记录每日产生的焚烧残渣量及填埋处理情况。

2）焚烧垃圾要日产日清

夏季每日要消毒杀蝇灭蛆并要做好每次用药及消杀效果记录；同时做好监测记录，如做好垃圾本底采样记录、残渣分析记录、大气污染监测记录等。

2.3.2　制定专门的医疗废物管理制度

包括收集、运输、焚烧操作规程，环境监测技术规范，评价效果标准等。

建立分类、包装、标识和跟踪（使用货单制度）制度及有关表格，并对医疗废物的最终处置做出规定。

（1）实行许可证制度

医疗废物的危险特性决定了并非任何单位个人都能从事医疗废物的收集、贮存、处理、处置等经营活动。从事医疗废物的收集、贮存、处理、处置活动，必须既具备达到一定要求的设备、设施，又要有相应的专业技术能力等条件，否则就有可能在经营过程中污染环境。任何从事医疗废物处理的单位都必须向环境主管部门提出申请并提供有关设施、技术和条件的详细说明，以及人员结构、管理措施等情况，对符合条件者发放许可证。

（2）运输货单制度

如果医疗废物进行集中处理，运输医疗垃圾实行运输货单制度，由废物产生者、运输者、接收者在货单上签字并各保留 1 份，以保证运输过程中不出现问题。货单内容包括产生者、运输者、接收者的名称、地址、废物种类、数量、运输方式等。

2.3.3　培训与宣传

对处理医疗废物的人员进行技术培训，加强对医疗废物工作者的环境意识的教育。医疗垃圾的运输和无害化处理，关系到广大人民的生产、生活和身体健康，使有关工作人员按照"统一收集、密闭运输、集中焚烧、达到无害化"的标准工作。因此，需要不断提高有关医疗废物产生者（如医务工作者、病人等）的环境意识，做好社会宣传工作，并号召市民把家庭医疗保健用的医疗垃圾送到指定的收集地点。

2.3.4　建立风险管理体系

对项目和医疗垃圾进行风险评价，合格者才可上马或正常运行。同时要建立一些安全保障设施、预防系统、应急系统等，以解决一些突发事件的发生。

2.3.5　推出配套的环保产品

在推广管理经验的同时，也要推出有特色的与之配套的环保产品，如专用的医疗垃圾焚烧炉、专用的包装产品（软包装和硬壳包装）等，使之成为环保产业特色的一部分。

2.3.6　应建立全国性或区域性医疗废物处置系统

由相应的卫生局、环卫局和环保局根据有关法规协调分工、各司其职，同时各产生单位根据有关法规承担相应责任。全国性或区域性的医疗废物处置系统既是一个社会系统和技术系统相结合的统一体，又是一个在国家法律控制和指导下的工程与管理结合的系统。

2.4　我国医疗废物污染控制现状和发展方向

近年来，我国医疗垃圾处理能力不断增强，处置技术明显提高。2020 年，我国大、中城市医疗废物产生量 84.3 万吨，处置量 84.3 万吨，处置率达到 100%。目前我国大部分城市已经开展或建立了医疗废物集中处置设施。医疗废物焚烧在我国仍是主要的处置方式，占总处置量的 80% ～ 90%。近年来，随着废物焚烧所带来的大气污染问题越来越严重，国内外对医疗废物的处置研究不断深入，高温蒸汽、热解气化、微波技术逐渐兴起，为医疗废物的处理开辟了新道路，也为新技术的发展创造了条件。

2.4.1　我国医疗废物处置现状

2.4.1.1　我国医疗废物控制技术现状

目前医疗废物的处理技术有很多种，主要包括卫生填埋法、高温焚烧法、回转窑焚烧法、热解焚烧法、高温蒸汽灭菌法、化学消毒法、微波消毒法及等电子体法等。具体见表 2-2。

表 2-2　当前我国医疗废物处置技术现状及优缺点

分类	处置技术	优点	缺点	成本/(元/t)
焚烧	高温焚烧	处理量大，废物摧毁彻底，适合各类医疗废物处理，且运行稳定，技术成熟	成本高，需辅助燃料，不能间歇运行，操作要求较高，易产生有害气体	2500~3000
	热解焚烧	一般无需辅助燃料，总体成本低于常规焚烧	不宜处理大块病理性废物，对药物性废物、化学性废物处理不完全	2500~3000
非焚烧	高温高压蒸汽消毒处理	成本低，操作简单，二次污染小，对传染性废物很有效	不适宜处理放射性、有机溶剂、药物性和病理性废物，VOCs 排放过高	1000~1500
	化学消毒处理	成本低，操作简便	对破碎系统要求较高，处理过程会有废液和废气生成，不能处理挥发性有机物、化学药剂、汞和放射性废物	1000~1500
	微波消毒	环境污染小，操作简便；减容高	运营成本高，处理后减重效果不好，不适合病理类废物的处理	2500~3000
	高温干热消毒	杀菌效果好，成本低	热传导速度慢，易产生臭气	1000~1500
	卫生填埋	投资低，操作简单	有害物质容易泄漏	500~800

2.4.1.2　医疗机构医疗废物处置现状

全国医疗机构医疗废物的处置方式以集中处置为主，并逐年呈现上升趋势。但仍存在医疗废物处置方式不合理、医疗废物管理不健全、医疗废物集中处置单位缺乏或能力欠缺等现象，尤其是基层医疗机构医疗废物管理还存在较多问题，这就需要政府出台医疗废物减量化、无害化、资源化实施细则，便于操作和落实，加强多部门沟通合作，加强医疗废物统一监督和管理。

医疗废物产生量大，医疗废物收集、处置成本高，导致医疗机构对医疗废物支出费用高，尤其是三级医疗机构，每年花费几十万元甚至上百万元。目前国内外医疗废物处置收费方式，按照床位收取医疗废物处置费用最为普遍。

2.4.1.3 当前医疗废物处置存在的问题

（1）法律法规制度不完善、监管不足

长期以来，我国的医疗垃圾处理存在着管理混乱、责任不清、操作随意、处理能力不足、安全隐患大等突出问题。纵观全国的医疗垃圾处理状况，有的由环卫部门集中清运，统一焚烧；有的则是医院自行焚烧，焚烧时又有很多存在二次污染。而大多数医疗垃圾则与生活垃圾混合倾倒。在医废管理中，环保局、卫生局甚至城管部门似乎都能管理，但又都难以完全解决现存的医疗垃圾"正规"回收问题。由于界定不明、责任不清，实际操作中使得医疗垃圾清运和处理陷入窘境。造成该局面的原因是缺乏医疗垃圾管理实施细则，缺乏健全的外部监督管理机制，在我国一些环保法规中已经涉及医疗废物的管理和处理的内容，但不成系统，缺乏可操作性。

此外，有关医疗废物的法律法规尚且不够完善，相对于一些发达国家的医废管理仍然存在一定的差距。在医疗废物分类、全过程监管、风险防范等方面仍有改进空间。我国大力加强医废的管理，如2020年印发《医疗机构废弃物综合治理工作方案》，开展了医疗机构废弃物专项整治。重点整治医疗机构不规范分类和存储、不规范登记和交接废弃物、虚报瞒报医疗废物产生量、非法倒卖医疗废物，医疗机构外医疗废物处置脱离闭环管理、医疗废物集中处置单位无危险废物经营许可证，以及有关企业违法违规回收和利用医疗机构废弃物等行为。国家卫生健康委、生态环境部会同商务部、工业和信息化部、住房城乡建设部等部门制定具体实施方案，明确部门职责分工。市场监管总局、公安部加强与国家卫生健康委、生态环境部的沟通联系，强化信息共享，依法履行职责。各相关部门在执法检查和日常管理中发现有涉嫌犯罪行为的，及时移送公安机关，并积极为公安机关办案提供必要支持。公开曝光违法医疗机构和医疗废物集中处置单位等，为规范和加强我国医疗废物的管理注入了强心剂。

（2）技术水平有待改进

我国对医疗废物的管理和处理处置才刚刚起步，缺乏各种处理处置技术应用的相关经验，尤其是像等离子体技术、微波辐射技术等一些新技术，这些新技术的原理和工程设计尚待完善。例如，等离子体技术虽然处理效率高、

二次污染少，但其投资和运行费用高，而且我国目前还未掌握其核心技术，管理和运行都存在一些问题，尚需进一步国产化；微波辐射技术的普遍应用尚未经过测定，而且其投资和运营成本较高，适用范围有限。因此，当前在我国要采用这些新技术，一定要持极为审慎的态度。高温蒸汽灭菌技术因其具有投资费用低、处理规模范围广，仍被医疗机构内部广泛应用。化学消毒技术一直是一种常规的消毒手段，用来杀灭附在医疗器具和地板或墙壁上的微生物，现在已经延伸为处理医疗废物的一种方法。但由于其自身的局限性，如化学药剂对环境有潜在危险性，目前在发达国家已逐渐限制使用，但在我国仍是具有吸引力的选择。而破碎高压消毒技术是在化学消毒的基础上增加了破碎和高压，使该技术的处理范围更加广泛，处理效果更加彻底，但同时成本增加，并依然存在化学消毒剂的潜在危害。高温蒸汽灭菌技术、消毒技术虽已具有较成熟的应用历史，但仍不具备大规模应用的经验和实例，因此可能在较长的一段时间内仍只作为医院等医疗机构的基础消毒手段。

焚烧技术在我国的废物处理中已具有较为成熟的应用经验，在国际上也正广泛地应用于医疗废物的处理处置中。医疗废物的热值一般都比较高，为完全达到焚烧处置对热值的要求，可采用高温焚烧处置的方式，其具有经济合理、消毒彻底、减容率高、处理量大、稳定性好等优点，适合我国医疗废物管理和处理处置现状。而且当前，我国提倡对医疗废物进行集中处置，在其他处理处置技术尚未具规模的条件下，医疗废物焚烧处置方式在我国现阶段仍然是首要选择。

（3）应对突发情况不足

在新冠肺炎疫情防控期间武汉市、上海市等发生突发情况下，医疗废物大量增加，对医疗废物管理系统造成巨大压力。城市的应急预案尚有不足，导致城市医疗废物管理较为混乱，存在一定的健康风险。

2.4.2　我国医疗废物污染控制发展方向

（1）源头减量

推进医疗垃圾源头分类工作，有利于降低医疗垃圾的产量，从而降低医疗废物管理体系的整体负担，并降低处置成本。2021年我国重新修订《医疗废物分类目录（2021年版）》，目的之一就是细化医疗废物分类，从而推进医疗垃圾的减量化。

例如，广州市已经全面启动医卫行业垃圾分类，将医疗垃圾源头减量纳入绩效考核。2019年年底，广州市医疗卫生机构医疗废物实现量化管理和源头减量，每床位产生医疗废物总量相比去年同期减量5%，没有床位医疗机构按照上年医疗废物总量减量5%。同时，2019年底，广州市、区所属医疗卫生机构月餐厨垃圾收运总量较此前减少10%以上。各类垃圾收集容器要按标准充足配置，医疗废物、生活垃圾须分类准确。广州市卫生健康委自2018年开始已将市属公立医疗卫生机构生活垃圾分类工作纳入年度绩效考核，并于2019年按方案把医疗垃圾、餐厨垃圾源头减量工作指标也纳入绩效考核。并且未来还将建立督导检查和约谈制，对工作推进不利、任务指标未完成、被各级政府通报批评或存在严重问题不能及时落实整改的单位进行约谈。目前，广州市卫生健康委已经制定《深化广州市医疗卫生机构垃圾分类三年行动计划（2019—2021年）》，对各级各类医疗卫生机构各类工作目标、指标、制度、举措等提出明确要求与标准。除了医疗机构工作人员要提高认识，病人和家属也要做好垃圾分类。医疗机构要制定垃圾分类投放指引标识，确保病人及陪护人员垃圾投放准确、到位，严防将生活垃圾混入医疗废物中。

（2）资源化利用

医疗废物具有双重属性，既具有污染环境和不利于健康的危害性，又具有回收利用价值。目前，即使医疗废物经过无害化处理消除了危害性，但国家仍没有完全放开医疗废物的资源化利用。

据统计，我国塑料原料进口依存度超过40%，随着我国"禁止进口洋垃圾"规定的实行，再生塑料原料来源进一步缩紧。相比生活垃圾，医疗废物虽然塑料含量较少，但如果全国医疗废物中的塑料都能得到合理回收，这将是一个相当可观的量，能有效地减轻塑料原料的进口依存度。经高温灭菌消毒处理的医疗废物在性质上已等同于一般废物，从安全、环保和卫生等角度考虑是可以进行资源化利用的。西方发达国家已经开始重视科学回收医疗废物，并将其视为节约资源的一个重要途径。因此，通过无害化方式回收利用医疗废物，有利于实现资源的合理利用，对国家和公众都是有利无害的。

　　我国医疗废物无害化处置及资源化利用技术水平的提高，可带动制造业，信息传输、软件和信息技术服务业，科学研究和技术服务业，教育业等多行业的发展，推进先进技术的产业化，有力推动我国医疗废物处置及资源化利用事业的发展，创造巨大的经济效益和社会效益。"十五五"时期，随着政策、技术和渠道逐步成熟，医疗废物的无害化处置及资源化产业将进入一个全新的发展时期。

第 3 章 ▶ ▶ ▶ ▶ ▶ ▶ ▶

医疗废物处置污染防治管理

◀ ◀ ◀ ◀ ◀ ◀ ◀

▲ 医疗废物的收集和贮存
▲ 医疗废物的交接和转运
▲ 医疗废物作业人员要求
▲ 医疗废物周转要求

3.1　医疗废物的收集和贮存

3.1.1　分类收集和包装

医疗废物往往因其来源不同、性能不同具有不同的风险属性，包括感染性、损伤性、化学性等。为了防止医疗废物在暂存和转运过程中泄漏对环境及操作人员带来伤害，需要对其进行科学严谨的收集与贮存。

对于医疗卫生机构来说，需要根据《医疗废物分类目录》对产生的医疗废物实施分类管理，并且在医疗废物产生地点设置相应的医疗废物分类收集方法示意图及文字说明。特别注意的是不同特性的医疗废物不能混合收集，尤其是感染性废物、病理性废物、损伤性废物、药物性废物及化学性废物不能混合收集；少量的药物性废物可以混入感染性废物，但需要在标签上标注说明。对于家庭病床和医疗服务点来说，产生的医疗废物应由开展诊疗活动的医务人员进行收集，并于当日带回医疗卫生机构交由本单位负责医疗废物暂时贮存的管理人员处置，如当日不能带回的也应该按要求收集后暂时贮存于安全处，次日由负责诊疗的医务人员带回，不得交由病人或病人家属自行处置。

《医疗废物专用包装袋、容器和警示标志标准》（HJ 421—2008）规定了医疗废物专用包装袋、利器盒和周转箱（桶）的技术要求以及相应的试验方法和检验规则，并规定了医疗废物警示标志。对于有一定传染性的医疗废物，需要在收集前进行消毒灭菌处理。医疗废物中病原体的培养基、标本和菌种、毒种保存液等高危险医疗废物，应当首先在产生地点进行压力蒸汽灭菌或者化学消毒处理，然后按感染性废物收集处理。医疗卫生机构收治的传染病病人或者疑似传染病病人产生的生活垃圾应按照医疗废物进行管理和处置。值得注意的是，传染性的医疗废物应当使用双层包装物，并及时密封。化学性医疗废物应单独放置于专有的包装容器内，禁止混入其他医疗废物中。

此外，除损伤性之外的医疗废物均可使用一次性专用包装袋。这种专用包装袋为淡黄色，而且在正常使用情况下不应出现渗漏、破裂和穿孔状况。一次性专用包装袋不应使用聚氯乙烯（PVC）材料，包装袋明显处需要印制警示标志和警告语，并保证表面基本平整，无皱褶、污迹和杂质，无划痕、气泡、缩孔、针孔以及其他缺陷等。从力学角度来看，专用包装袋的拉伸强度（纵、横向）应高于 20MPa；断裂伸长率（纵、横向）不低于 250%。一次性专用包装袋在使用过程中应将其置于专用盛器内。专用盛器应为固定放置且脚踏开启的封闭硬质容器，其整体应具有防液体渗漏性能，并便于清洗，表面光滑平整，完整无裂损，没有明显凹陷，边缘无毛刺，具有防滑功能等。

专用盛器侧面明显处应有警示标志和警告语。对于具有损伤性的医疗废物来说应使用一次性的专用硬质利器盒进行收集。专用的硬质利器盒为淡黄色，常选用铁质材料制成，封闭性强且防刺穿，在盒体侧面明显处应有明显的警示标志。此外，该利器盒应具有较好的防摔裂性能，连续 3 次从 1.2 m 高处自由跌落至水泥地面不会出现破裂、被刺穿等。

3.1.2 内部暂存及要求

在门（急）诊、科室、医疗技术部门、病房病区等医疗废物产生的地方常常需要设置医疗废物内部暂存区域用于医疗废物的收集。医疗废物医疗卫生机构内部分类收集点就是设置在门（急）诊、科室、医技部门、病房病区等区域用于接收各医疗岗位医务人员送交医疗废物的暂时贮存点，用于向本机构暂存仓库运送前的医疗废物分类收集、包装和管理。其中，诊所等小型医疗机构医疗废物分类收集点通常可与暂时贮存库、暂存柜合并设置。

医疗卫生机构不得露天存放医疗废物。应建立医疗废物暂时贮存设施、设备，并需要同时兼顾其他设置要求。医疗废物暂存设施、设备应远离医疗区、食品加工区、人员活动区和生活垃圾存放场所，并方便医疗废物运送人员及运送工具、车辆的出入；要有严密的封闭措施，设专（兼）职人员管理，非工作人员禁止接触医疗废物；要有防鼠、防蚊蝇、防蟑螂的安全措施；防止渗漏和雨水冲刷；易于清洁和消毒；避免阳光直射；设有明显的医疗废物警示标识和"禁止吸烟、饮食"的警示标识。

同时，由于医疗废物的特殊性，应对暂存设施提出严格的卫生防护要求。在医疗废物转交出去后，应当对暂时贮存地点、设施及时进行清洁和消毒处理。医疗废物暂时贮存库房每天应在废物清运之后进行消毒冲洗，冲洗液需排入医疗卫生机构内的医疗废水系统进行消毒、处置等处理。医疗废物暂时贮存柜（箱）应每天消毒一次。

3.2　医疗废物的交接和转运

3.2.1　医疗废物内部交接和转运

医疗废物交接和转运过程中，应保证包装完整，并安排专人专车专线进行收集转运。通常医疗废物产生的地方，如医院等大型医疗机构，人员密集，一旦出现感染易造成大规模大范围传播，因此医疗废物在医疗机构内部交接和运送过程中应以人流物流最少或较偏僻为原则进行运送线路的选择，并应避开诊疗高峰时段。同时，运送医疗废物的时间和路线应当相对固定。转运者在医疗废物转运过程中不得离开转运车，保证医疗废物在交接运送途中无掉落或调换风险。无特别情况时，医疗废物应当直接运送到指定暂时贮存场所，并且不可以随意更改运送的时间、路线。

医疗机构内部运送医疗废物应当使用防渗漏、防遗撒、无锐利边角、易于装卸和清洁的专用运送工具（包括运送车和盛器），外表面必须印（喷）制医疗废物警示标识和文字说明。每天运送工作结束后，应当对运送工具及时进行清洁和消毒。并且不得使用未经消毒和清洗的专用工具运送医疗废物。在医疗机构内部，医疗废物依次在本岗位医务人员、各部门分类收集管理人员、本机构医疗废物转运专职人员、本机构医疗废物暂时贮存管理人员中进行交接，每个环节均应做好交接记录，最终交接给集中处置单位的收集人员。

3.2.2　医疗废物委外交接和转运

医疗废物委外交接和转运时，应选择具有收集转运资质的公司，并对该公司的相关资质进行严格的审核。医疗机构与集中处置单位交接医疗废物时，应针对交予处置的医疗废物如实仔细地填写《危险废物转移联单（医疗废物专用）》，经检查、核验、接收的医疗废物包装、标识符合规定且种类、重量与转移联单所载事项相符后，医疗卫生机构的交接人员和集中处置单位的运输人员应分别在联单上签字确认，完成医疗废物委外交接程序。此外，落实一车一卡，填写《医疗废物运送登记卡》，并由医疗卫生机构医疗废物管理人员交接时填写并签字，当医疗废物运至处置单位时集中处置单位接收人员应根据登记卡填报内容，经确认该登记卡上填写的医疗废物数量真实、准确后签收。

除了医疗废物运送登记卡及医疗废物转移联单，医疗卫生机构和医疗废物集中处置单位还应分别设立自己的医疗废物台账管理平台，对交接的医疗废物进行登记，登记内容应当包括医疗废物的来源、种类、重量或数量、交接时间、处置方法、最终去向以及经办人签名等项目。台账登记资料至少应保存 3 年，以备当地卫生部门和环保部门检查。

同时，医疗废物运送车辆应配备《医疗废物集中处置技术规范（试行）》规范文本、《危险废物转移联单》（医疗废物专用）、《医疗废物运送登记卡》、运送路线图、通信设备、医疗废物产生单位及其管理人员名单与电话号码、事故应急预案及联络单位和人员的名单、电话号码、收集医疗废物的工具、消毒器具与药品、备用的医疗废物专用袋和利器盒、备用的人员防护用品。运送完毕后，应在处置单位内对医疗废物运送专用车车厢内壁进行消毒，喷洒消毒液后密封至少 30min。医疗废物运送车辆的清洗应至少 2d 进行一次，或当车厢内壁或（和）外表面被污染后应立刻进行清洗。值得注意的是：禁止在社会车辆清洗场所清洗医疗废物运送车辆。

3.3 医疗废物作业人员要求

医疗废物作业人员作为近距离接触医疗废物的特种工作人员，具有较大的感染、损伤等风险，因此对于医疗废物作业人员应提出较好的防护要求，确保自身安全。首先，相关从业人员应定期进行卫生防护培训，在接触或处置医疗废物时按要求做好自身卫生防护工作。工作前应该穿戴好工作衣、帽、靴、口罩、手套等防护用品，进行近距离操作或有液体溅出时应当佩戴护目眼镜。日常消毒操作包括手部皮肤消毒，需使用 0.5% 碘伏溶液（含有效碘5000mg/L）浸泡或擦拭手部 1～3min；仪器设备消毒需要使用 0.2% 过氧乙酸、500mg/L 二氧化氯，或其他消毒溶液擦拭消毒；防护用品消毒：耐热的用品可使用流通蒸汽消毒 20～30min 或用压力蒸汽 121℃作用 20～30min，耐湿的用品（包括防护眼镜）可使用有效氯含量为 1000mg/L 消毒液浸泡 30min。操作过程中，如果防护用品有破损应及时予以更换。同时，卫生防护用品在操作中一旦被感染性废物污染应及时对污染处进行消毒处理。每次作业结束后应及时按规定对污染防护用品和手进行消毒和清洗，确保健康安全。必要时，应对有关作业人员进行免疫接种，防止其受到健康损害。

医疗卫生机构的工作人员在作业过程中，一旦发生被医疗废物刺伤、擦伤等伤害时应及时采取相应的应急处理：

① 完整皮肤污染：用肥皂液或流动水清洗污染的皮肤。

② 皮肤刺伤：在伤口旁轻轻挤压，尽可能挤出损伤处的血液后用肥皂液和流动水进行冲洗，再用 75% 酒精或 0.5% 碘伏进行消毒，禁止进行伤口的局部用力挤压。

③ 暴露的黏膜污染：需要用生理盐水或清水反复冲洗干净，再用 0.5%碘伏冲洗或涂抹消毒。

医疗卫生机构、医疗废物收运处置单位应当委托有能力的专业第三方对医疗单位从事的医疗废物的相关工作环节进行职业危害因素认定、检测及申报。同时建立医疗废物相关从业人员职业健康档案，定期进行健康检查，其中运送人员通常进行健康检查的频次为 2 次 / 年。

3.4　医疗废物周转要求

3.4.1　包装袋与周转箱

包装袋与周转箱作为医疗废物周转过程中重要的材料，其质量、规格等问题决定着医疗废物周转的安全性和效率。我国卫生部和生态环境部根据

《医疗废物管理条例》相关规定制定了医疗废物专用包装物、容器的标准。

① 包装袋的最大容积为 $0.1m^3$，大小和形状适中，利于包装袋的搬运和配合周转箱盛装。包装袋上应印制医疗废物警示标识，并对盛装的医疗废物类型进行文字说明，如包装袋中盛装了感染性医疗废物，则应在包装袋上标注"感染性废物"字样。特别的，当包装袋容积在 $0.1m^3$ 范围内，包装袋的使用规格可以根据用户需求确定；一旦用户有特殊需求，且包装袋容积超过 $0.1m^3$ 时，包装袋厚度应根据试验结果确定，以确保包装袋防渗漏、防破裂、防穿孔，整体的物理机械性能拉伸强度（纵、横向）应不低于 20MPa，断裂伸长率（纵、横向）应不低于 250%。

② 周转箱应整体防液体渗漏，可一次性或多次重复使用。对于可多次重复使用的周转箱应能快速消毒、清洗。在使用过程中，周转箱的箱底承重变形量下弯应不超过 10mm，箱体对角线收缩变形率不大于 1.0%，加载平台与重物的总量为 250kg，承压 72h，箱体高度变化率不大于 2.0%。

医疗废物周转运输过程中，应对包装袋与周转箱等收集贮存设施进行表面消毒。使用 0.2% 过氧乙酸溶液或有效氯含量为 1000～2000mg/L 的消毒液进行喷洒、喷雾或擦拭。

3.4.2　医疗废物运输具体要求

我国医疗废物收运体系以统一收运为主。《医疗废物管理条例》第二十五条规定，医疗废物集中处置单位应当至少每两天到医疗卫生机构收集、运送一次医疗废物，并负责医疗废物的贮存、处置。由集中处置单位逐一上门收集［集中处置单位（出发）→医院 A →诊所 B →卫生服务站 C →…→集中处置单位（运回）］的统一收运模式是我国法定的收运方式。为了极大程度地降低或消除医疗废物集中收运过程中可能产生的环境卫生风险事故，医疗废物集中处置单位运送医疗废物时应当遵守国家有关危险货物运输管理的规定，在运送过程中使用有明显医疗废物标识的专用车辆。医疗废物专用车辆应当满足防渗漏、防遗撒以及其他环境保护和环境卫生相关管理要求。地面消毒使用 500～1000mg/L 的二氧化氯，或有效氯或有效溴含量为 1000～2000mg/L 的消毒液进行喷洒或拖地。

在医疗废物运输方式上，首选陆路运输，禁止邮寄医疗废物，禁止通过铁路、航空等交通方式运输医疗废物。有陆路通道的，禁止通过水路运输医疗废物；没有陆路通道必需经水路运输医疗废物的，应当经相关区域的市级以上人民政府环境保护行政主管部门批准，并采取严格的环境保护措施后，方可通过水路运输，但需要严格避免在饮用水源保护区的水体上运输医疗废物。此外，医疗废物的运送禁止医疗废物与旅客在同一运输工具上载运。

2003 年以来，我国医疗废物集中处置设施建设成就显著，大中型医疗机构已基本能保障及时收运，但包括社区卫生服务站、乡镇卫生院、门诊部、个体诊所、村卫生室、内部医疗机构、宠物诊所、参照管理的非医疗卫生机构等在内的小型医疗机构收运频次长期达不到"至少 48h 收运一次"的法定要求，被称为"最后一公里"问题。

近年来，针对小型医疗机构收运难等问题，浙江、上海等地试点实施"小箱进大箱""定时定点"收运新模式，取得显著成效。国家部委层面，也针对小型医疗机构产生的医疗废物进行了新的政策优化调整。2016 年，环境保护部《国家危险废物名录（2016 年版）》出台"豁免管理"规则，首次为小型医疗机构医疗废物的收运提供了法律依据。该名录将"从事床位总数在 19 张以下（含 19 张）的医疗机构产生的医疗废物的收集活动"进行豁免，豁免范围为"收集过程不按危险废物管理"。2017 年，国家卫生健康委等五部委下发《关于进一步规范医疗废物管理工作的通知》指出，"探索基层医疗卫生机构医疗废物集中上送至上级医疗卫生机构统一处的管理模式，或就近运送到持有危险废物经营许可证的医疗废物集中处置单位进行统一处置"。

第 4 章 ▶ ▶ ▶ ▶ ▶ ▶

医疗废物突发应急管理

◀ ◀ ◀ ◀ ◀ ◀

▲ 紧急处理及要求

▲ 医疗废物泄漏和扩散应急预案

▲ 医疗废物处置设备检修应急预案

▲ 极端天气下医疗废物收运和处置应急预案

▲ 重大公共卫生条件下医疗废物收运和处置应急预案

4.1　紧急处理及要求

随着我国医疗废物管理体系的不断完善，常规状态下医疗废物的管理已基本规范，医疗废物可以得到妥善安全的处理处置。但是，在应急状态下，特别是出现重大公共卫生事件期间，医疗废物的管理仍然缺少丰富的经验，在实践过程中如何安全高效处置医疗废物并防止二次污染扩散，同时保障各级医疗机构、医疗废物处理处置单位的正常运转，最大程度减轻医疗废物处置的经济成本和社会成本，是各地处置突发事件过程中关注的重点问题。同正常医疗活动中产生的医疗废物相比，应急状态下的医疗废物具有传染性强、产生量大、成分混杂、质量偏轻等特点。因此，对于医疗废物突发应急事件的管理需要建立更为严格的应急体系。

4.1.1　突发应急报告要求

当发生医疗废物流失、泄漏、扩散和意外事故时，应根据事故等级及时向所在市县卫生行政主管部门和环境保护行政主管部门做报告，通常在48h内完成报告。报告内容要包括以下方面：

① 详细描述事故发生的时间、地点以及经过；

② 具体说明流失、泄漏、扩散的医疗废物种类和数量，同时提及意外事故可能的原因；

③ 分析事故造成的危害和影响；

④ 详细列出已采取的应急处理措施和处理结果。

4.1.2 医疗机构紧急处理要求

医疗卫生机构发生医疗废物流失、泄漏、扩散和意外事故时，按照以下要求及时采取紧急处理措施：

① 确定流失、泄漏、扩散的医疗废物的类别、数量、发生时间、影响范围及严重程度。

② 组织有关人员尽快按照应急方案，对发生医疗废物泄漏、扩散的现场进行处理。

③ 对被医疗废物污染的区域进行处理时，尽可能减少对病人、医务人员、其他现场人员及环境的影响。

④ 采取适当的安全处置措施，对泄漏物及受污染的区域、物品进行消毒或者其他无害化处置，必要时封锁污染区域，以防扩大污染。

⑤ 对感染性废物污染区域进行消毒时，消毒工作从污染最轻区域向污染最严重区域进行，对可能被污染的所有使用过的工具也进行消毒。

⑥ 工作人员做好卫生安全防护后再进行工作。

⑦ 处理工作结束后，医疗卫生机构对事件的起因进行调查，并采取有效的防范措施预防类似事件的发生。

⑧ 医疗卫生机构的工作人员在工作中发生被医疗废物刺伤、擦伤等伤害时，采取以下处理措施：a. 完整皮肤污染，用肥皂液或流动水清洗污染的皮肤；b. 皮肤刺伤，在伤口旁轻轻挤压，尽可能挤出损伤处的血液，再用肥皂液和流动水进行冲洗，再用 75% 酒精或 0.5% 碘伏进行消毒，禁止进行伤口的局部用力挤压；c. 暴露的黏膜污染，用生理盐水或清水反复冲洗干净，再用 0.5% 碘伏冲洗或涂抹消毒。

4.1.3 医疗废物运输紧急处理要求

（1）废物分类与包装

在应急情况下医疗废物的分类和包装显得尤为重要。医疗废物通常包括感染性废物、药品废物、手术废物和尖锐器械等。根据《医疗废物分类目录》（2021 年版），以下废物均不属于医疗废物：非传染病区使用或者未用于传染病患者、疑似传染病患者以及采取隔离措施的其他患者的输液瓶（袋），盛装消毒剂、透析液的空容器，一次性医用外包装物，废弃的中草药与中草药煎制后的残渣，盛装药物的药杯，尿杯，纸巾、湿巾、尿不湿、卫生巾、护理垫等一次性卫生用品，医用织物以及使用后的大、小便器等。居民日常生活中废弃的一次性口罩正确分类后，应使用符合标准的废物容器进行包装，确保废物不外泄、不飞溅，并贴上明确标识。

（2）设立临时收集点

在紧急情况下，医疗机构应当及时设置临时废物收集点，以便快速、集中地收集产生的医疗废物。收集点要设置在离医疗机构尽可能近的位置，避免长时间的废物存放。

（3）安全运输

医疗废物在运输过程中要严格遵守相关的安全规定。使用专门的运输容器，确保废物不会泄漏或对运输人员造成伤害。运输过程中，司机和随车人员要采取必要的防护措施，如佩戴防护服和手套。医疗废物的运输需要使用防渗漏、防遗撒的专用运送工具，转移前医疗机构要核对运输车辆信息，如实单独填写医疗废物转移联单。运输路线尽量避开人口稠密地区，运输时间避开上下班高峰期。医疗废物应在不超过48h内转运至处置设施；运输车辆每次卸载完毕应进行消毒。对集中隔离观察点、居家隔离观察点等重点场所产生的生活垃圾，采取专人专车单独收集，并直运至生活垃圾焚烧厂及时处理，避免二次污染。

（4）废物处理

在突发应急事件中废物处理环节显得尤为重要。应当委托专业的废物处理机构进行处理，遵循国家和地方的废物处理规定，确保废物的安全处理和环境友好。进行焚烧处置时，焚烧回转窑投加采用斗提升进料，投加口应与医疗废物的包装尺寸或周转箱（桶）的口径尺寸相匹配；应在投加区2m以外选择合适位置，用于存放消毒用品、备用个人防护用品、备用水等，同时放置足够的便携式手提干粉灭火器、消防砂、消防铲及消防桶。投加作业过程中不对医疗废物包装袋进行拆包，使用工具直接投加入窑，不用手直接抓取医疗废物包装袋。投加速率以不超过设计处理量的 10% 为宜，每次投料间隔应不小于 10min，投加的同时监测窑况、窑排放以及出渣波动情况。

4.2　医疗废物泄漏和扩散应急预案

医疗废物泄漏和扩散应急预案是医疗机构和相关部门为了应对可能出现的医疗废物泄漏和扩散事件而设计的一套应急响应机制。它的目的在于减少泄漏和扩散对环境和人类健康的影响，确保人们的生活安全和环境的良好状况。实施这个预案主要包括预防措施和应急预案 2 个方面。

（1）预防措施

包括制定严格的医疗废物管理流程，进行定期的安全教育和培训，使用专业的医疗废物处理设备，以及实施定期的环节检查和环境监测。一旦发生泄漏和扩散事件，应立即启动应急响应，包括定位泄漏源，实施隔离和封锁，进行清理和除污，对可能接触到污染物质的人员进行健康监测，以及对受到污染的环境进行恢复工作。

（2）应急预案

实施医疗废物泄漏和扩散应急预案对于保护环境和人类健康有着重要的意义。它不仅可以防止医疗废物对环境的污染，也可以减少人类因接触废物而可能产生的各种健康问题。更重要的是，这个预案能够提升公众对医疗废物管理的认识，增强他们的环保意识，有助于创建一个更安全、更健康、更环保的社会环境。

4.2.1　医疗废物泄漏和扩散预防措施

医疗废物的泄漏和扩散会对环境和人体健康产生严重影响，因此预防措施尤为重要。

首先，需要制定严格的操作流程。操作流程必须包括医疗废物的收集、分类、存储、运输和处理等各个环节，且每个环节都要考虑到所有可能出现的风险，包括废物泄漏和扩散的可能性，以及如何避免这些风险。制定的流程应易于理解和执行，可以有效地防止因操作不当导致的废物泄漏。

其次，定期的安全培训和教育是预防泄漏和扩散的重要环节。所有涉及医疗废物处理的工作人员都应接受这样的培训，确保他们熟悉操作流程，掌握必要的处理技能，并能在紧急情况下做出正确的反应。另外，需要使用专业的医疗废物处理设备，如密封良好的贮存容器、防泄漏的运输车辆等，这些设备需定期进行维护和检查，以确保其良好运作。

最后，定期的环节检查和环境监测也是必要的，这可以及早发现和处理问题，防止泄漏和扩散事件的发生。

4.2.2　医疗废物泄漏和扩散应急扩散要求

在医疗废物泄漏和扩散的紧急情况下组织应遵守以下重要要求。

首先，一旦发现医疗废物泄漏或扩散的迹象应立即启动应急预案，调动所有可用的资源，进行应急响应。应急预案应包含详细的应急行动步骤，如何快速有效地控制泄漏和扩散，以及如何保护人员安全。

其次，应尽快向相关管理部门和环保部门报告事故，以便他们能够及时介入，提供必要的支持和指导。报告应详细、准确、及时地反映事故的发生时间、地点、原因、影响范围和已采取的应急措施。保护工作人员和周边人员安全是应急响应的重要部分。提供必要的防护装备，如防化服、口罩、手套等，并对他们进行健康监测，确保他们在处理事故过程中的安全。

最后，在处理事故的过程中，应保持信息的公开和透明，及时向公众通报事故的处理情况，避免引起不必要的恐慌，并获取公众的理解和支持。

4.2.3　应急扩散方法

在医疗废物泄漏和扩散的紧急情况下应采取以下应急方法。

首先，迅速定位并控制泄漏源，采取必要的措施控制泄漏，如关闭设备、封堵泄漏口、转移废物等。这既能防止泄漏扩大，又能减少环境和人体健康的影响。

其次，对泄漏现场进行封锁和隔离，防止泄漏物质进一步扩散。同时，确保未参与应急响应的人员远离现场，避免他们受到影响。在封锁和隔离现场时，还需要考虑风向和地形等因素，以减少扩散的可能性。接下来，采用专门的设备和物质对泄漏物质进行清理和除污。这可能包括使用吸附材料、清洁剂等，目标是防止其扩散到更广的区域，污染环境。对可能接触到泄漏物质的人员进行健康监测也是必要的，包括体温检查、血液检测等。如果人员出现任何不适应立即送医治疗。

最后，清理和除污后，还需要对受到污染的环境进行恢复工作，这可能包括清理残余的污染物、修复破坏的生态环境等。

4.3　医疗废物处置设备检修应急预案

医疗废物处置设备检修应急预案是为了应对医疗废物处理设备突发故障或需要紧急检修的情况而制定的一套应急响应机制。其目标在于确保医疗废物处理的连续性和安全性，保障环境和人类健康。实施医疗废物处置设备检修应急预案对于维护医疗废物处理的连续性和安全性具有重要意义。它能有效应对设备故障，保障医疗废物的安全处理，防止环境污染和人类健康风险的发生。同时，这个预案也能提升公众和医疗机构对医疗废物处理设备管理的认识，增强他们的维护检修意识，有助于提高医疗废物处理的整体效率和安全性。

4.3.1　医疗废物处置设备检修要求

医疗废物处置设备是对医疗废物进行安全处理的关键工具，因此对其进行日常检修至关重要。

① 对处置设备进行定期的全面检查是必要的，这包括设备的机械部分、电气部分，以及所有的控制系统。检查应确保所有部分都能正常工作，没有磨损过度或损坏的部件。

② 对设备的清洁和保养也是日常检修的重要部分。设备应在每次使用后进行清洁，并定期进行润滑和维护，以保持其良好的工作状态。

③ 设备的操作人员应接受定期的培训，以确保他们能正确地操作和维护设备，并能在设备出现问题时，迅速识别并采取适当的措施。

④ 对设备的使用情况进行记录和跟踪也是必要的，这不仅可以帮助预测和规划设备的维护和更换，也可以在设备出现问题时提供有用的信息。

4.3.2　医疗废物处置设备突发事件管理要求

在设备出现突发故障或者需要紧急检修时，有一套完整的管理要求可以确保问题得到及时解决，以降低对医疗废物处理的影响。

① 一旦设备出现故障应立即停止使用并启动应急预案。必要时应将设备与电源断开，并确保现场的安全。

② 应及时向相关人员和部门报告故障情况，包括故障的性质、严重程度和可能的影响。报告应详细、准确、及时，以便相关人员和部门能够做出适当的决策。

对于设备的修理或更换，应按照预定的流程进行，以确保设备的正常运行。包括联系设备供应商，寻找合格的修理人员，以及购买必要的备件和工具。

③ 应对设备的修理和更换进行记录，这既可以作为日后参考资料，也可以作为改进设备维护和管理的参考资料。

4.3.3　医疗废物处置设备突发事件处置措施

① 如果设备出现故障，应立即通过适当的方式关闭设备，并确保现场的安全。如果可能，应尽快确定故障的原因，并决定是否需要专业的修理人员进行修理。

② 如果设备无法立即修理，应考虑使用备用设备，或者寻找其他方式处理医疗废物。这可能包括将废物暂时存储在安全的地方，或者将医疗废物转

移到其他设施进行处理。

③ 对故障设备进行修理或更换。修理应由专业的修理人员进行，以确保设备的安全性和效率。如果设备无法修理，应将其安全地处置，并购买新设备。

④ 完成修理或更换后，应对设备进行全面的测试，以确保其能正常工作。测试应包括设备的所有功能，以及所有的安全特性。同时，应更新设备的使用和维护记录，以反映设备的当前状况。

4.4　极端天气下医疗废物收运和处置应急预案

制定和执行极端天气下医疗废物收运和处置应急预案的目的在于保障医疗废物在极端天气条件下的安全收集、运输和处理，防止废物处理的延误和废物的积压，保护环境和人类健康。

首先，它能确保医疗废物的连续和安全处理，降低环境污染和人类健康风险。

其次，极端天气下医疗废物收运和处置应急预案能提高医疗机构和废物处理公司对极端天气条件下废物处理的应对能力，增强他们的风险防范意识。

最后，极端天气下医疗废物收运和处置应急预案对于提高公众和社会对医疗废物处理的认识，提升他们的环保意识，也有重要作用。

4.4.1　极端天气下医疗废物收运与处置要求

（1）预防措施

在极端天气预警发布时，相关部门和机构应提前做好准备，包括加强设备和运输工具的维护，确保所有设备和工具都能在恶劣天气条件下正常工作。

（2）安全保障

所有的收运和处置操作都应确保人员和环境的安全。这可能需要提供适当的防护装备，以及实施特别的操作程序。

（3）及时响应

在极端天气条件下，应尽快收集和处理医疗废物，以避免废物的积压和可能的环境污染。

（4）沟通协调

医疗机构、医疗废物处置单位和相关政府部门应保持紧密的沟通和协调，以确保在极端天气条件下医疗废物的收运和处置工作能顺利进行。

4.4.2　极端天气下医疗废物收运和处置方法

（1）加强设备和工具的维护

为了保证在恶劣天气条件下设备和工具的正常工作，应定期进行检查和维护。包括更换磨损的部件，清理积雪或冰等。

（2）使用适当的防护装备和操作程序

工作人员应使用适合极端天气条件的防护装备，如防寒服、防滑鞋等。同时，应实施适应恶劣天气条件的操作程序，如采用额外的固化或密封措施，以防止废物的泄漏或散播。

（3）提前规划和组织收运

在极端天气预警发布时，应提前规划和组织医疗废物的收运工作。这可能包括增加收运频次，或者调整收运路线和时间，以避免医疗废物的积压。

（4）实施特别的处置方法

在极端天气条件下，可能需要实施特别的废物处置方法。例如，如果无法立即运输医疗废物到处理设施，可能需要在医疗机构内部暂时安全存储废物。

4.5　重大公共卫生条件下医疗废物收运和处置应急预案

4.5.1　医疗废物源头收集分类

上海市突发公共卫生事件暴发之后，在上海市成立医废收运处置专项工作小组，上海城投集团及时反馈源头收运处置过程中遇到的医疗废物分类不清等问题，配合市生态环境局制定《关于黄色医废专用垃圾袋发放和使用的相关工作提示》等 5 项工作提示，配合制作各类垃圾收运处置流程一览表。

按照医疗废物产生源头将医疗废物分为常规医疗废物、涉疫医疗废物、参照医疗废物管理的生活垃圾三类。其中常规医疗废物来自常规医院；涉疫医疗废物来自定点医院、方舱医院、口岸机场、发热门诊等；参照医疗废物管理的生活垃圾来自集中隔离点垃圾、港口集中居住点垃圾、国际航行船舶垃圾等。针对不同种类的垃圾制定不同的人员防护标准和收运处置流程，并根据实际情况做动态风险评估。

同时医疗废物驾驶员按照源头医疗废物分类原则，分别送至源头医疗废物收运点，从而规范源头医疗废物分类，对封控小区产生的生活垃圾、城市保障运营人员产生的防护用品等按照专项生活垃圾进行管理，对阴性结果的抗原自测废物按照一般生活垃圾进行管理，避免了将生活垃圾混入医疗废物处理处置。

4.5.2　医疗废物分类管理要求

（1）明确分类收集范围

医疗机构在诊疗新型冠状病毒感染的肺炎患者及疑似患者发热门诊和病区（房）产生的废弃物，包括医疗废物和生活垃圾，均应当按照医疗废物进行分类收集。

（2）规范包装容器

医疗废物专用包装袋、利器盒的外表面应当有警示标识，在盛装医疗废物前应当进行认真检查，确保其无破损、无渗漏。医疗废物收集桶应为脚踏式并带盖。医疗废物达到包装袋或者利器盒的 3/4 时应当有效封口，确保封口严密。应当使用双层包装袋盛装医疗废物，采用鹅颈结式封口，分层封扎。

（3）做好安全收集

按照医疗废物类别及时分类收集，确保人员安全，控制感染风险。盛装医疗废物的包装袋和利器盒的外表面被感染性废物污染时，应当增加一层包装袋。分类收集使用后的一次性隔离衣、防护服等物品时严禁挤压。每个包装袋、利器盒应当系有或粘贴中文标签，标签内容包括医疗废物产生单位、产生部门、产生日期、类别，并在特别说明中标注"新型冠状病毒感染的肺炎"或者简写为"新冠"。

（4）分区域进行处理

收治新型冠状病毒感染的肺炎患者及疑似患者发热门诊和病区（房）的潜在污染区和污染区产生的医疗废物，在离开污染区前应当对包装袋表面采用 1000mg/L 的含氯消毒液喷洒消毒（注意喷洒均匀）或在其外面加套一层医疗废物包装袋；清洁区产生的医疗废物按照常规的医疗废物处置。

（5）做好病原标本处理

医疗废物中含病原体的标本和相关保存液等高危险废物，应当在产生地点进行压力蒸汽灭菌或者化学消毒处理，然后按照感染性废物收集处理。

4.5.3　医疗废物收集管理要求

根据国家卫生健康委《新型冠状病毒感染不同风险人群防护指南》，健康人群使用后的口罩按照生活垃圾分类的要求处理；疑似病例或确诊患者佩戴的口罩，不可随意丢弃，应视为医疗废物，严格按照医疗废物有关流程处理。

《国家卫生健康委办公厅关于加强新冠肺炎首诊隔离点医疗管理工作的通知》要求，首诊隔离点包括地方政府指定的，在医疗机构以外用于收治新冠肺炎疑似病例轻症患者的，具备一定条件的宾馆、酒店、招待所等场所。首诊隔离点在诊疗活动中产生的废弃物，包括医疗废物和生活垃圾均应当按照医疗废物，参照《国家卫生健康委办公厅关于做好新型冠状病毒感染的肺炎突发公共卫生事件期间医疗机构医疗废物管理工作的通知》进行管理。

《上海市新型冠状病毒肺炎防控方案（第四版）》指出：隔离观察（留验）点工作人员和服务人员脱卸的个人防护用品应放入医疗废物垃圾袋内，扎紧后作为医疗废物处置。

《上海市新型冠状病毒肺炎防控方案（第四版）》还指出：

① 无相关症状的观察隔离人员所有产生的生活垃圾，收集在市容环卫部门提供的专用垃圾袋中，使用 2000mg/L 有效氯（溴）含氯（溴）消毒溶液喷洒后，作为一般生活垃圾由环卫部门专人收集，专车运送到指定的垃圾焚烧厂焚烧。

② 有发热等相关症状的观察隔离人员所有产生的生活垃圾，收集在感染性的医用废物垃圾袋内，使用双层包装袋，用 10000mg/L 有效氯（溴）含氯（溴）消毒溶液喷洒后，采用鹅颈结式封口，分层封扎，由区安排专车送至附近设有发热门诊的医疗机构按感染性医疗废物处置。

4.5.4　医疗废物包装管理要求

《关于做好新型冠状病毒感染的肺炎突发公共卫生事件期间医疗机构医疗废物管理的通知》（国卫办医函〔2020〕81号）对新冠肺炎突发公共卫生事件医疗废物包装进行了进一步要求：应当使用双层包装袋盛装医疗废物，采用鹅颈结式封口，分层封扎。盛装医疗废物的包装袋和利器盒的外表面被感染性废物污染时，应当增加一层包装袋。每个包装袋、利器盒标签的特别说明中应标注"新型冠状病毒感染的肺炎"或者简写为"新冠"。收治新型冠状病毒感染的肺炎患者及疑似患者发热门诊和病区（房）的潜在污染区和污染区产生的医疗废物，在离开污染区前应当对包装袋表面采用 1000mg/L 的含氯消毒液喷洒消毒（注意喷洒均匀）或在其外面加套一层医疗废物包装袋。

2022年3月上海市突发公共卫生事件暴发，方舱医院、定点医院和发热门诊的涉疫垃圾在源头包装时应双层包装，不超过包装容积的3/4，并采用鹅颈结式封口，分层封扎，不得有包装破损、渗漏现象。

发热门诊产生的涉疫垃圾应在上述包装和消毒消杀要求的基础上，再采用硬质纸箱包装，2022 年 3 月 1 日后改为定点医院的，其产生的涉疫垃圾可选择采用硬质纸箱包装或由医疗废物集中处置单位采用"以箱换箱"的方式进行收运。

收运人员负责对医疗废物的分类和包装进行检查，如发现有不属于医疗废物的垃圾混入（如方舱医院在设施投运前的建筑垃圾、大件垃圾等，方舱医院闭舱后产生的大件垃圾等），或包装出现破损、渗漏等时，将要求产废单位重新分类、包装后再进行收运。

4.5.5 医疗废物贮存管理要求

① 突发公共卫生事件下医疗废物临时贮存仓库应按照传染病医院的医疗废物暂时贮存仓库要求进行建设，不能因临时性而降低建设标准。主要要求有：a. 远离医疗区、食品加工区、人员活动区和生活垃圾存放场所，方便医疗废物运送人员及运送工具、车辆的出入；b. 有严密的封闭措施；c. 设专（兼）职人员管理，防止非工作人员接触医疗废物；d. 有防鼠、防蚊蝇、防蟑螂的安全措施；e. 防止渗漏和雨水冲刷；f. 易于清洁和消毒；g. 避免阳光直射；h. 设有明显的危险废物警示标识、医疗废物警示标识和"禁止吸烟、饮食"的警示标识。

② 安全运送管理。在运送医疗废物前应当检查包装袋或者利器盒的标识、标签以及封口是否符合要求。工作人员在运送医疗废物时，应当防止造成医疗废物专用包装袋和利器盒的破损，防止医疗废物直接接触身体，避免医疗废物泄漏和扩散。每天运送医疗废物结束后，对运送工具进行清洁和消毒，含氯消毒液浓度为 1000mg/L；运送工具被感染性医疗废物污染时应当及时消毒处理。

③《新型冠状病毒感染的肺炎突发公共卫生事件医疗废物应急处置管理与技术指南（试行）》要求：有条件的医疗卫生机构可对肺炎突发公共卫生事件防治过程产生的感染性医疗废物的暂时贮存场所实行专场存放、专人管理，不与其他医疗废物和生活垃圾混放、混装。

④ 规范贮存交接。医疗废物暂存处应当有严密的封闭措施，设有工作人员进行管理，防止非工作人员接触医疗废物。医疗废物宜在暂存处单独设置区域存放，尽快交由医疗废物集中处置单位进行处置。用 1000mg/L 的含氯消毒液对医疗废物暂存处地面进行消毒，每天 2 次。医疗废物产生部门工作人员、运送人员、暂存处工作人员以及医疗废物处置单位转运人员之间，要逐层登记交接，并说明其是否来源于新型冠状病毒感染的肺炎患者或疑似患者。

⑤ 做好转移登记。严格执行危险废物转移联单管理，对医疗废物进行登记。登记内容包括医疗废物的来源、种类、重量或者数量、交接时间，最终去向以及经办人签名，特别注明"新型冠状病毒感染的肺炎"或"新冠"，登记资料要保存 3 年。

医疗机构要及时通知医疗废物集中处置单位进行上门收取，并做好相应记录。各级卫生健康行政部门和医疗机构要加强与生态环境部门、医疗废物处置单位的信息互通，配合做好新型冠状病毒感染的肺炎突发公共卫生事件期间医疗废物的规范处置工作。

第 5 章 ▶ ▶ ▶ ▶ ▶ ▶

医疗废物集中热处置技术

◀ ◀ ◀ ◀ ◀ ◀

▲ 医疗废物焚烧概论

▲ 回转窑焚烧技术

▲ 热解气化技术

▲ 等离子体气化技术

5.1　医疗废物焚烧概论

　　对医疗废物进行焚烧处理是指将医疗废物置于焚烧炉内，在高温和有足够氧气的环境条件下进行蒸发干燥、热解、氧化分解和化合化学反应，由此实现分解或降解医疗废物中有害成分的过程。经过这种高温焚烧处理过程，其中的绝大多数病原可以得到杀灭；同时，医疗废物的体积和重量也可以得到大幅度的减少。

　　与常规的废物焚烧处理技术不同的是，医疗废物中往往含有极为有害的病原，如果有扩散或泄漏则会引起污染传播和社会危害，后果极为严重。所以，一般医疗废物的处理过程不允许将医疗废物散装运输、敞开加料和接触操作管理，更不允许工人直接手工接触工作。焚烧处理系统的各部分设备在使用时均有严格的限制，焚烧处理系统必须保证在密封条件下工作，废物在焚烧炉中彻底焚毁，并在烟气处理过程中去除有害成分，排放指标达到国家规定的数值。此外，医疗废物中也含有大量有机物质，在焚烧过程中也会释放大量的热量，但是同时也会生成一些有毒有机物质和有害酸性物质。因此，医疗废物焚烧过程要考虑到抑制其生成和控制其反应，以有效实现总体污染控制和净化的目标。

　　在常见的废物处理过程中，要求同时实现资源化、减量化和无害化，但对于医疗废物处理而言，一般目标是无害化和减量化，而资源化要求可以放在次要的位置考虑。

5.1.1　医疗废物焚烧基本概念

（1）燃烧

　　通常把具有强烈放热效应、有基态和电子激发态的自由基出现并伴有光辐射的化学反应称为燃烧。燃烧可以产生火焰，而火焰又能在合适的可燃介质中自行传播。火焰能否自行传播，是区分燃烧与其他化学反应的特征。其他化学反应都只局限在反应开始的那个局部地方进行，而燃烧反应的火焰一旦出现就会不断向四周传播，直到能够反应的整个系统完全反应完毕为止。燃烧过程，伴随着化学反应、流动、传热和传质等化学过程及物理过程，这些过程是相互影响、相互制约的。因此，燃烧过程是一个极为复杂的综合过程。焚烧处置是废弃物在控制情况下的燃烧，目的是使废弃物能充分氧化并进而减少有害气体的排放。

（2）着火与熄火

着火是燃料与氧化剂由缓慢放热反应，发展到由量变到质变的临界现象。从无反应向稳定的强烈放热反应状态的过渡过程即为着火过程；相反，从强烈的放热反应向无反应状况的过渡就是熄火过程。

工业应用的燃烧设备，尽管它们的特点和要求不同，但它们的启动过程都有共同的要求，即要求启动时迅速、可靠地点燃燃料并形成正常的燃烧工况。当燃烧工况一旦建立后，要求在工作条件改变时火焰保持稳定且不熄火。

影响燃料着火与熄火的因素很多，例如燃料性质、燃料与氧化剂的成分、过剩空气系数、环境压力及温度、气流速度、燃烧室尺寸等。这些因素可分为两类，即化学反应动力学因素和流体力学因素，或叫化学因素和物理因素。着火与熄火过程就是这两类因素相互作用的结果。在日常生活和工业应用中，最常见的燃料着火方式为化学自燃、热自燃和强迫点燃。

（3）热值

医疗废物的热值是指单位质量的医疗废物燃烧释放出来的热量，以 kJ/kg（或 kcal/kg，1kcal=4.1868kJ）计。要使医疗废物维持燃烧，就要求其燃烧释放出来的热量足以提供加热医疗废物达到燃烧温度所需要的热量和发生燃烧反应所必须的活化能；否则，便要添加辅助燃料才能维持燃烧。

热值有高位热值和低位热值两种表示法。高位热值是指化合物在一定温度下反应到达最终产物的焓的变化。而低位热值与高位热值的意义相同，只是产物的状态不同，前者水是液态，后者水是气态。所以，二者之差就是水的汽化潜热。用氧弹量热计测量的是高位热值。将高位热值转变成低位热值可以通过下式计算：

$$LHV=HHV-0.206H-0.023Mar \qquad (5\text{-}1)$$

式中　　LHV——低位热值，kJ/kg；

HHV——高位热值，kJ/kg；

H——废物中氢的质量分数，%；

Mar——收到基水分，%

若医疗废物的元素组成已知，则可利用 Dulong 方程式近似计算出低位热值：

$$LHV=81C+342.5（H-O/8）+22.5S-5.85（9H+W） \qquad (5\text{-}2)$$

式中　　LHV——低位热值，kJ/kg；

C、H、O、S——碳、氢、氧和硫的元素组成，kg/kg；

W——废物中含水量，kg/kg（或者质量分数）。

（4）理论燃烧温度

燃烧反应是由许多单个反应组成的复杂的化学过程。它包括氧化反应、气化反应、离解反应等，在这些单个反应中有放热反应也有吸热反应。当燃烧系统处于绝热状态时，反应物在经化学反应生成产物的过程中所释放的热量全部用来提高系统的温度，系统最终所达到的温度称为理论燃烧温度，即绝热火焰温度。这个温度与反应产物的成分有关，也与反应物的初温和压力有关。

（5）燃烧效率

燃烧效率是指可燃医疗废物在进行焚烧过程中排放的烟气中 CO 与 CO_2 浓度之间对比关系的参数，定义式如下：

$$\eta = \frac{[CO_2]}{[CO_2]+[CO]} \times 100\% \qquad (5\text{-}3)$$

式中　　　　η——燃烧效率，%；

$[CO]$ 和 $[CO_2]$——焚烧处理后排放的烟气中 CO 和 CO_2 的体积分数的数值。

（6）减量比

经过焚烧处理过程之后，医疗废物的残渣及飞灰质量与初始投入焚烧炉

的物质总量的百分比数,定义式为:

$$q_{mc} = \frac{m_b - m_a + m_f}{m_b - m_c} \times 100\%$$ (5-4)

式中　q_{mc}——减量比,%;

　　　m_b——初始投入的废物总质量,kg;

　　　m_a——残渣的质量,kg;

　　　m_c——m_b中不能焚烧的物质的质量,kg;

　　　m_f——飞灰的质量,kg。

(7)热灼减率

根据国家标准,该参数定义为残渣在 600℃ ±25℃下,经过 3h 焚烧后减少的质量占原焚烧残渣的百分数,其计算式如下:

$$m_r = \frac{m_a - m_d}{m_a} \times 100\%$$ (5-5)

式中　m_r——热灼减率,%;

　　　m_a——焚烧残渣在室温时的质量,kg;

　　　m_d——残渣经 600℃ ±25℃下经 3h 灼烧后,冷却到室温时的质量,kg。

5.1.2　医疗废物焚烧过程

焚烧是通过燃烧处理废物的一种热力技术。燃烧是一种剧烈的氧化反应,常伴有光与热的现象,即辐射热,也常伴有火焰现象,会导致周围温度的升高。燃烧系统中有燃料或可燃物质、氧化物及惰性物质三种主要成分。燃料是含有碳碳、碳氢及氢氢等高能量化学键的有机物质,这些化学键经氧化后会放出热能。氧化物是燃烧反应中不可缺少的物质,最普通的氧化物为含有 21% 氧气的空气,空气量的多少及与燃烧的混合程度直接影响燃烧的效率。惰性物质不直接参与燃烧过程,这 3 种主要成分相互影响,必须小心控制其成分及速率才能达到焚烧的最终目的。

医疗废物的焚烧过程通常需要借助自身可燃物质或辅助燃料进行,调节适当的空气输入,可以在适当的高温范围和时间内实现较高的焚毁率、较低的热灼减率,最大限度地降解或分解其中的有毒有害有机物和杀死病毒、病菌，同时实现较低的污染排放指标。由于焚烧过程的进行与医疗废物的组成、形态和物化特性有密切关系，也与燃烧过程的化学反应过程、流场、热力特性有关，因此实际焚烧过程非常复杂。

与普通废弃物或城市生活垃圾的焚烧过程不同的是，医疗废物焚烧过程的最主要目的是焚毁有害有毒有机物质，杀死和去除病毒、病菌，去除有毒重金属物质和酸性气体；其次是确保不产生二次污染，做到烟气的排放完全清洁和干净。而热能回收或其他资源回收不是最重要的内容，某些条件下甚至完全可以不考虑。

可燃性物质的燃烧过程比较复杂，通常由热分解、熔融、蒸发和化学反应等传热、传质过程组成。一般根据不同可燃物质的种类可分为 3 种不同的燃烧方式。

① 蒸发燃烧：废物受热熔化成液体，继而化成蒸气，与空气扩散混合而燃烧，蜡的燃烧属这一类。

② 分解燃烧：废物受热后首先分解，轻的烃类化合物挥发，留下固定碳及惰性物。挥发分与空气扩散混合而燃烧，固定碳的表面与空气接触进行表面燃烧，木材和纸的燃烧属这一类。

③ 表面燃烧：如木炭、焦炭等固体受热后不发生融化、蒸发和分解等过程，而是在固体表面与空气反应进行燃烧。由于某些物质的温度分解特性和燃烧时间特性的不同，故在焚烧过程中需对温度范围和时间长短进行严格的调节和控制，以确保焚烧过程能达到预定的目标。

医疗废物混合物进入焚烧炉之后，一般先进行受热升温。当温度达到一定数值后，某些低沸点物质首先蒸发和汽化，然后水分蒸发汽化，蒸发汽化的有机物可能先着火燃烧，例如酒精、醚类及其他石蜡类废物在 85℃ 以下即会蒸发汽化，并极易着火燃烧。在此过程结束后，某些物质（有机物）继续升温开始出现热解和干馏，产生气（汽）和油类物质，如塑料橡胶等，其中产生的气（汽）体一般均为可燃物质并极易着火，由此可以加速加热过程和促进焚烧更快进行。

在热解和干馏过程结束后，剩余的物质一般为碳化物，其燃烧过程要求温度高、时间长。该过程一般发热量较大，如果成分质量分数较大时，其燃烧放热量足以保证焚烧过程进行。除碳之外，热解干馏结束之后进行燃烧物质还有磷、硫等混合于碳化物中的可燃物。当碳化物燃烧结束后，全部医疗废物焚烧过程的第一阶段结束。对医疗废物的焚烧过程而言，还需进行烟气高温燃烧，以确保其中少量的毒气和毒质的完全分解。通常采用的二次高温焚烧，需要助燃燃料辅助燃烧才能进行。

对于大部分医疗废物的焚烧过程而言，医疗废物的预热、升温、干燥和热解、干馏和碳化燃烧都混合在一起同时进行。即同时有传热蒸发及火焰燃烧过程发生，还有光、声以及复杂的气流，整个过程非常复杂。

由于焚烧过程的结果直接受到化学反应过程特性、进风分配布置、废物的物理化学特性、焚烧温度和时间等众多因素的影响，因此一个良好的焚烧过程必须在设计中考虑到各种变化因素，运行过程中能进行调节和控制。碳化物的燃烧一般为扩散燃烧，受接触面积、扩散特性和气氛条件影响很大，故该阶段焚烧一般需要进行翻滚，气流冲刷或机械扰动，或者升高反应温度和焚烧时间。

5.1.3　医疗废物焚烧产物

在医疗废物焚烧时既发生了物料分子转化的化学过程，也发生了以各种传递为主的物理过程。大部分医疗废物及辅助燃料的成分非常复杂，分析所有的化合物成分不仅困难而且没有必要，一般仅要求提供主要元素分析的结果，也就是碳、氢、氧、氮、硫、氯等元素和水分及灰分的含量。它们的化学方程式虽然复杂，但是从燃烧的观点而论，它们可用 $C_xH_yO_zN_uS_vCl_w$ 表示，一个完全燃烧的氧化反应可表示为：

$$C_xH_yO_zN_uS_vCl_w + \left(x+v+\frac{y-w}{4}-\frac{z}{2}\right)O_2 \rightarrow xCO_2 + wHCl + \frac{u}{2}N_2 + vSO_2 + \left(\frac{y-w}{2}\right)H_2O$$

（1）有机碳的燃烧

有机碳的焚烧产物是二氧化碳气体。

（2）氢的燃烧

有机物中的氢的焚烧产物是水。若有氟或氯存在，也可能有它们的氢化物生成。

（3）硫化物的燃烧

燃料和医疗废物中的有机和无机硫化物，在焚烧过程中生成二氧化硫或少量的三氧化硫。硫氧化物排放是造成酸雨的主要原因。

（4）磷化有机物的燃烧

磷化有机物在过剩空气下燃烧产生 P_2O_5，如果氧气供应不足时会产生少量的 P_2O_3。P_2O_5 与水化合形成磷酸（H_3PO_4），因此可被湿式洗涤器吸收中和。P_2O_3 与冷水作用，产生亚磷酸，与热水作用时会产生 P、PH_3 等物质。

（5）氮及氮化物的燃烧

焚烧系统中氮氧化物（NO_x）的产生有两种来源：第一种为空气中氧气和氮气在高温（1100℃以上）条件下化合，产生 NO 和少量的 NO_2；第二种为燃料或医疗废物中氮化物（腈、胺等）在高温下氧化而生成 NO_x，它们的产生和过剩空气量有关，过剩空气量越高则 NO_x 的产生量也越高。

（6）氟化物的燃烧

有机氟化物的焚烧产物是氟化氢。若体系中氢的量不足以与所有的氟结合生成氟化氢，可能出现四氟化碳（CF_4）或二氟氧碳（COF_2），除非有其他元素存在，例如金属元素，它可与氟结合生成金属氟化物。添加辅助燃料（CH_4、油品）增加氢元素，可以防止四氟化碳或二氟氧碳的生成。

（7）有机氯化物的燃烧

有机氯化物是医疗废物中的主要有害成分，有机氯化物的焚烧产物主要是氯化氢。由于氧和氯的电负性相近，存在着下列可逆反应：

$$4HCl+O_2 \rightleftharpoons 2Cl_2+2H_2O$$

因此当体系中氢量不足时有游离的氯气产生。氯气具有毒性，而且不易被一般排气处理设备去除或吸收，添加辅助燃料（天然气或石油）或较高温度的水蒸气（1100℃）可以使上述反应向左进行，减少废气中游离氯气的含量。如果燃烧区内氧气供应不足，不完全燃烧产生的一氧化碳会与氯气作用，产生剧毒的光气（$COCl_2$）。如果燃烧室内温度控制不佳时，氯苯或其他芳香族氯化物在适当温度下会产生二噁英或呋喃等剧毒物质。

5.2　回转窑焚烧技术

5.2.1　技术概况

回转窑焚烧系统由上料及进料系统、回转窑本体、二燃室和助燃空气系统组成。由于医疗废物在运输过程中由专用塑料袋密封包装，并置于一定规格的周转箱中，因而医疗废物在进入回转窑之前需先通过特定的上料输送机构，将周转箱输送至倒料口，在倒料口通过机械倾倒装置将医疗废物从周转箱中倾倒至进料设备中。随后医疗废物通过进料设备输送至回转窑中进行焚烧处置。

5.2.2　主要设备

5.2.2.1　回转窑及进料设备

医疗废物回转窑焚烧系统通常配置螺旋输送或液压推杆进料系统。回转窑采用顺流式，固体、半固体、液体废物从筒体的头部进入，助燃的空气由头部进入，随着筒体的转动缓慢地向尾部移动，完成干燥、燃烧、燃烬的全过程。经过60 min左右的高温焚烧，物料被彻底焚烧成高温烟气和熔融残渣，调控回转窑的运行状态，保持约50 mm厚的稳定渣层可以起到保护耐火层的作用，其操作温度应控制在850℃以上，高温烟气和熔渣从窑尾进入二燃室，焚烧残渣从窑尾进入灰渣处置装置。

回转窑进料设备如图5-1所示。

回转窑分为窑头、窑尾、本体、传动机构等几部分。窑头的主要作用是完成物料的顺畅进料、布置一个燃烧器及助燃空气的输送，以及回转窑与窑头的密封。回转窑的窑头用耐火材料进行保护，耐火层由一层金属结构支撑着，位于窑头的低断面。在窑头下部设置一个废料收集器收集废物漏料。

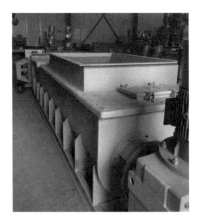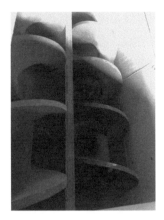

图 5-1　回转窑进料设备

回转窑前、后端板的密封采用柔性金属鳞片方式密封。金属鳞片密封技术，能够适应窑体上下窜动、窑体长度伸缩、直径变化以及悬臂端轻微变形的状况。

回转窑本体是一个由厚的钢板（带轮、齿轮等局部加厚）卷成的一个钢制圆筒，内衬为耐火材料。在本体上面还有两个带轮和一个齿圈，传动机构通过小齿轮带动本体上的大齿圈，然后通过大齿圈带动回转窑本体转动。窑尾是连接回转窑本体以及二燃室的过渡体，它的主要作用是保证窑尾的密封以及烟气和焚烧残渣的输送通道。为保证物料向下的传输，回转窑必须保持一定的倾斜度；由于危险废物物料的波动性，焚烧时间长短不一，焚烧炉需要进行较大程度的调节，焚烧炉设计转速为 0.05 ～ 0.5r/min。

回转窑本体驱动电机可实现转窑筒体正反转，有利于回转窑尾部的清焦。医疗废物焚烧回转窑如图 5-2 所示。

5.2.2.2　二燃室

回转窑焚烧炉的高温焚烧烟气从窑尾进入二燃室，烟气在二燃室燃尽，二燃室的温度控制在 850℃以上，为了避免辐射和二燃室外壳过热，二燃室设计成由钢板和耐火材料组成的圆柱筒体。根据焚烧理论，烟气充分焚烧的原则是"3T ＋ 1E"原则，即保证足够的温度（医疗废物焚烧炉：＞ 850℃）、足够的停留时间（停留时间＞ 2s）、足够的扰动（二燃室喉口用二次风或燃烧器燃烧让气流形成漩流）、足够的过剩氧气，其中前 3 个作用由二燃室来完成。在二燃室下部设置两个柴油燃烧器，保证二燃室烟气温度达到标准以及烟气有足够的扰动。回转窑本体内少量没有完全燃烧的气体在二燃室内得到充分燃烧，并提高二燃室温度，在二燃室内温度始终维持在 850℃以上。在此条件下，烟气中的二噁英和其他有害成分的 99.99% 以上将被分解掉。

图 5-2　医疗废物焚烧回转窑

二燃室是通过支撑结构固定在钢结构平台上，在下部有一弧形结构使回转窑尾部插入二燃室里。在二燃室平行底部有出渣口和用厚钢板制成的出渣槽。在出渣槽的上部采用耐火材料进行保护，渣槽的底部用法兰与下部连接。

二燃室侧面装有水冷刮渣器，可自动将熔渣从回转窑尾部刮出。二燃室下部放置灰渣处置设施，排出熔融的炉渣进入灰渣处置设施处理。二燃室上部有一烟气出口，高温烟气通过该出口进入余热锅炉。二燃室顶部布置烟气紧急出口。

二燃室的顶部有紧急烟囱，由开启门和钢板烟囱组成，其底部有气动机构控制的密封开启门。紧急烟囱的主要作用是当焚烧炉内出现爆燃、停电等意外情况发生时，紧急开启旁通烟囱，避免设备爆炸、后续设备损害等恶性事故发生。当炉内正压超过一定数值时，气动机构会自动开启密封开启门，通过紧急烟囱排放烟气，特殊时刻可手动开启密封开启门。紧急烟囱的密封开启门平时维持气密,防止烟气直接逸散。

5.2.2.3　助燃空气系统

助燃空气系统主要用于向回转窑和二燃室提供燃烧所需的空气。

(1)一次助燃风机

回转窑在窑头设有供风口,废物在被扬起落下的过程中,物料与空气中的氧充分混合。设置单独的助燃空气风机。

(2)二次助燃风机

二燃室设置单独的助燃空气风机。沿二燃室环向布置风箱,风管旋向布置,二次助燃空气风速为 30 ~ 50m/s,在风的带动下烟气呈螺旋上升,加强了烟气与空气的混合,延长了烟气在炉内的停留时间。

主要工艺设备包含一次助燃空气风机、二次助燃空气风机及附件,两台风机均为变频调速,风量通过一二次助燃空气风机工作频率与炉内含氧联锁自动调节。

(3)回转窑冷却风机

回转窑冷却风机,给回转的冷却端部件的冷却空气来自于外界环境。

风机设置进口流量调节阀,并根据工作状况需要设置软连接、消声器等。

烟道不同部位采取不同的材料和保温防腐措施。在烟道和风道上设置清灰口用于清灰,同时设置人孔或手孔,用于管道清理和维修。

5.2.3　典型工艺流程

上海是中国的直辖市城市。截至 2019 年,全市下辖 16 个区,总面积 6340.5km²。2020 年,常住人口 2487.09 万人,生产总值 38700.58 亿元。至 2020 年年末,全市共有医疗卫生机构 5905 所,卫生技术人员 22.64 万人,全年全市医疗机构共完成诊疗人次 2.41 亿人次。2020 年上海市产生处置医疗废物 5.6881 万吨,是全国最大的医疗废物产生城市。

为应对日益增长的医疗废物数量和保障公共卫生安全、环境安全，上海市在已有医疗废物处置能力［3 处：分别为上海市固体废物处置有限公司（嘉定区）核准经营规模 38760t/a，上海永程固废处理有限公司（崇明区）危险废物和医疗废物总核准经营规模 9900t/a，上海市公共卫生临床中心医疗废物自行处置能力 12t/d。］的基础上，于 2020 年底建成上海市固体废物处置中心项目（老港）。项目位于浦东新区老港固体废物综合利用基地，新建 3 条 80t/d 回转窑焚烧线，主要用于处理医疗废物（在有余量情况下还焚烧危险废物），总设计处置能力 240t/d。项目建成后全市医疗废物处置能力约 365 t/d。

项目投资约 10.8 亿元，占地面积约 88 亩（1 亩 =666.67m²），采用成熟先进的"回转窑＋二燃室"工艺，系统主要由回转窑单元、二燃室单元和辅助燃烧单元构成。废气处理在采用"SNCR（选择性非催化还原）＋急冷塔＋半干式脱酸塔＋干式脱酸塔＋活性炭喷射装置＋布袋除尘器（内设催化滤袋）＋活性炭固定床＋降温洗涤塔＋中和洗涤塔＋白雾去除装置"，强化废气处理效果。

5.3　热解气化技术

5.3.1　技术概况

热解气化炉系统主要由热解气化炉本体和二燃室构成，热解气化炉主要通过部分废物燃烧放热将医疗废物中的有机组分裂解形成小分子，因而热解气化炉本体处于还原性氛围，因此就需要减少外部空气进入热解气化炉内。因而，为保证在医疗废物的连续进料处置过程中热解气化炉的密封性，热解气化炉本体通常由两个（或以上）一燃室组成，每个一燃室交替使用。

5.3.2　主要设备

医疗废物进入一燃室后，通过助燃器点火开始燃烧，由于一燃室供氧量较少，通常只有燃烧所用化学计量所需氧量的 20% ～ 30%，所以已燃烧的废物释放的热能在一燃室内逐步将填装的废物在炉腔内干燥、裂解、燃烧和燃尽，各种化合物的长分子链逐步被打破成为短分子链，变成可燃气体，可燃气体的主要成分是 N_2、H_2、CH_4、C_2H_6、C_6H_8、CO 及挥发性硫、可燃性氯等。二燃室是将一燃室产生的可燃气体和经预热的新鲜空气混合燃烧的过程，在整个过程中燃烧的均为气态物质。二燃室的温度通常控制在 1100～1150℃之间，烟气在二燃室的停留时间为 2s 以上，在这种环境下绝大部分有毒有害气体被彻底破坏转化成 CO_2 及各种相应的酸性气体。

热解气化炉一般运行模式为：先将危险废物投入 A 热解炉（简称 A 炉）点火热解气化，同时喷燃炉将燃烧炉加热至 500℃，A 炉中被热解气化的气体进入燃烧炉后与空气混合燃烧。在 A 炉运行时，热解炉 B（简称 B 炉）开始投料。当 A 炉中的废物热解气化约至第 8 个小时时，废物中的有机物含量为 1%～3%，呈灰白色状态，此时 B 炉也已投料完毕，开始点火。初期 A 炉残余可燃气体加上 B 炉的初始热解气化量正好可满足燃烧炉温度维持在 1100℃以上系统自燃时所需的可燃气体量。系统采用计算机集中控制原理，整个系统为一个常压系统，鼓风量和引风量要通过压力传感器变频控制风机转速来自动控制热解炉和燃烧炉的空气量（模糊理论），因此自动化水平要求较高。当温度为 1100℃自燃时，热解气体量不够，燃烧温度下降时热解炉气阀开度开大，同时燃烧炉空气阀自动关小，燃烧温度又上升到 1100℃以上；当燃烧温度高于设定温度时，热解炉气阀开度关小，同时燃烧炉空气阀自动开大，燃烧温度又下降到 1100℃。当 B 炉进入灰化过程时，A 炉又开始点火，如此循环往复，达到全自动连续不断地燃烧。

根据废物在热解炉内的热解气化特点，从上至下可将其划分成气化层、传热层、流动化层、燃烧层和灰化层 5 层。热解炉内的废物在缺氧（供以小风量）条件下利用自身的热能使废物中有机物的化合键断裂，转化为小分子量的燃料气体，然后将燃料气导入焚烧炉内进行高温完全燃烧。废物先在干燥预热区干燥后，下降到热分解区（200～700℃）进行分解，生成的燃料气体上升至炉顶出气口导入焚烧炉，残留碳化物继续下降，在燃烧气化区（1100～1300℃）进一步气化，生成的燃料气体上升至炉顶出气口导入燃烧炉，最后剩余残渣从炉底排出。

热解气化炉如图 5-3 所示。

图 5-3 热解气化炉

5.3.3 典型工艺流程

以山东省济南市医疗废物集中处置项目为例。

济南是山东省省会,总面积 10244km²,建成区面积 760.6km²,常住人口 890.87 万人。2020 年,生产总值 10140.9 亿元。济南市 2019 年医疗卫生机构总计 7487 个(医院 289 个),床位数 66623 张。2019 年日均产生医疗废物约 40t。现有医疗废物集中处置单位 2 家,其中济南云水腾跃环保科技有限公司处置能力不低于 35t/d,莱芜海纳医疗废物处理有限公司(负责集中处置莱芜区、钢城区、莱芜高新区医疗废物)处置能力为 5t/d。现有处置能力能够满足我市医疗废物处置需求。另外,济南腾笙环保科技有限公司正在新建医疗废物集中处置项目,建成后医疗废物处置能力将增加60t/d。

济南市医疗废物集中处置项目位于济南市长清区,设计年处理医疗废物 1.98×10⁴t,采用立式热解汽化炉工艺,建设 2 条 30t/d 焚烧线及烟气净化等辅助系统,总投资 2.02 亿元,占地面积 35.6 亩。焚烧车间包括进料系统、焚烧系统、余热锅炉系统，焚烧系统主要包括热解汽化炉（一燃室）、预混器、富氧燃烧炉（二燃室）、点火系统等。烟气净化系统主要为余热锅炉高温区加装 SNCR 脱硝，再由复合脱酸装置、活性炭及石灰粉喷射吸附装置、二级布袋除尘器、SCR 脱硝装置、湿法洗涤装置、烟气再热装置、引风机和烟筒组成。

5.4　等离子体气化技术

5.4.1　起源

从 20 世纪 60 年代起，西方一些发达国家已经认识到与日俱增的垃圾处理和再利用将是城市规划和建设面临的重大课题，各国政府为研究、开发、示范，以及对现有方法的改进和改造投入了大量的资金，但都没有取得太大的进展。直到 20 世纪 80 年代末，随着低温等离子体技术在国民经济服务领域中的广泛应用，利用等离子体技术焚烧垃圾的新工艺才开始逐步解决处置垃圾的难题。目前，美国、俄罗斯、德国、日本、比利时等许多国家都已采用了这种技术来处理工业垃圾、医用废物和民用垃圾。

等离子体气化技术最初主要用于销毁低放射性废物、化学武器和常规武器等，直至 20 世纪 90 年代起开始步入民用阶段。由于等离子体设备技术含量高、投资巨大、运行成本高且能耗大，因此起初只用于处理一些危险废物，如多氯联苯（PCBs）、废农药及医疗废物等；近年来，也开始运用于处理城市生活垃圾和工业垃圾。

与传统的焚烧工艺不同，等离子体气化技术几乎可将垃圾 100% 转化为可回收的副产物，其中的有机物转化为洁净燃气，而无机物熔融成无害化的玻璃态熔渣，从而实现真正的垃圾无害化处理和资源化应用。此外，由于等离子体放电产生的电弧温度极高，千分之一秒内温度可达 3000℃，不仅不会产生二噁英，还会将原本含有二噁英的废弃物在此高温下迅速裂解成简单的物质。随着等离子发生器技术的不断完善和等离子体自耗电的不断下降，此项技术也受到了越来越多研究者的重视。

5.4.2 原理

等离子体是离子化、呈电中性的气体，是物质固、液、气三种存在状态之外的第四种形态，又称为第四态。任何气体通过放电或加热，从外界获得足够的能量，使气体分子或原子轨道中所束缚的电子变为自由电子，便可形成等离子体。等离子体可以自然产生，如闪电放电、太阳和其他恒星天体发光，也可以通过气体放电或加热的方法产生，如图5-4所示。

$$物质的固态 \xrightarrow{能量} 液态 \xrightarrow{能量} 气态 \xrightarrow{能量} 等离子体$$

图5-4 等离子体的产生示意

等离子体由大量的正负带电粒子和电中性的粒子组成，粒子的能量一般为几个到几十电子伏特，大于聚合材料的结合能，因此可以将固体废物中的分子彻底分解，再重新组合，这时有害物质被分解，重金属被分离开来，其余部分被熔融后固化成玻璃体。等离子体气化炉如图5-5所示。

金属、灰渣回收

等离子体火炬

氧吹或空吹

图5-5 等离子体气化炉

等离子体处理医疗废物的技术中，将医疗废物置于等离子体中，等离子体的高热密度和高反应活性将引发很多高温化学反应，可以分为以下 3 种。

① 等离子体裂解反应：医疗废物在无氧条件下裂解，分解为小分子物质。

② 等离子体气化反应：有机成分在缺氧条件下转化为热值气体，例如含有 CO、H_2、CH_4 的合成气。

③ 等离子体熔融反应：医疗废物中的无机成分在高温条件下发生熔融和固化，变成玻璃化物质，重金属和有害物质被固定在玻璃体中。

进一步分析等离子体气化技术的机理，从微观角度来说，由于外加电场的作用，介质会放电并产生大量携能电子，废物分子由于受到携能电子的强烈轰击而发生电离和激发，同时伴随着一系列复杂的物理和化学反应，使复杂有毒害的大分子废物转变为简单无毒害的小分子安全物质，废物因此得以降解和无害化去除。

从宏观的角度来说，电弧放电产生高达 7000℃的等离子体，将废物加热至很高温度，从而可以迅速有效地摧毁废物。可燃有机成分充分裂解气化，使转化成的可燃性气体可用于能源回收，一般称为合成气（主要成分是 CO 和 H_2）；不可燃的无机成分经等离子体高温处理后变成无害渣体，可用作建筑材料，如玻璃和金属等。

等离子炬系统是等离子体气化技术中重要的一部分，这一系统由炬体、电源系统、磁极和电极系统、气体系统和冷却水系统等组成，如图 5-6 所示。

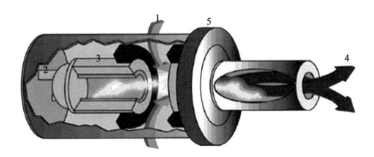

图 5-6　等离子炬系统

1—工艺气体；2—电源；3—电极；4—等离子气体；5—冷却水

5.4.3　系统工艺组成

　　等离子体处理系统主要由进料系统、等离子体处理室、熔化产物处理系统、电极驱动及冷却密封系统组成。固体废物通过进料系统进入等离子体处理室，有机物被分解气化，无机物则被熔化成玻璃体硅酸盐及金属产物，气化产物主要是合成气（CO、H_2、CH_4）和少量的 HF、HCl 等酸性气体。熔化产物被收集到处理器中被冷却为固态，金属可回收，熔化的玻璃体可用来生产陶瓷化抗渗耐用的玻璃制品，合成气通过过滤器去除烟尘和酸性气体后排向大气。

　　等离子体气化技术的工艺流程如图 5-7 所示。

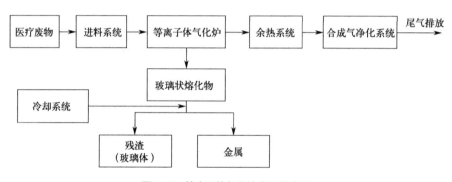

图 5-7　等离子体气化技术工艺流程

5.4.4　污染控制

　　在等离子体气化技术运行的过程中，主要的污染物控制方法如下。

（1）二噁英

　　相比于传统的医疗废物焚烧技术，等离子体气化技术由于是非单一燃烧过程，反应时的温度也在 1200℃以上，避开了二噁英合成的温度区域，有效降低了二噁英的产生量。由此可见，控制等离子体二噁英产生的重要因素是气化炉的温度、气化产生的气体在炉内的停留时间，以及气体出口处的温度。

（2）熔渣

在等离子体技术中，医疗废物中的无机成分在高温条件下发生熔融和固化，变成玻璃化物质，医疗废物中的重金属和有毒成分都被固化在玻璃体中，这些玻璃体经过一定的加工可以用来作为建筑材料或者陶瓷材料。

研究表明，在医疗废物经等离子体熔融后所形成的玻璃体物质中，其主要组成为 O、Si、Na、Al 和 Ca，其中 Si、Na 和 Ca 主要来自于钠钙玻璃，Al 来自于金属中的医用铝制品；O 和 Si 的含量占 75% 以上，表明熔渣中的主要成分是 SiO_2。此外，等离子体熔融后大部分重金属都被固化在熔渣中，Ni、Cd、Pb 等的固化率达到 80% 以上，这是因为随着氧气浓度的提高，使氯化反应受阻，重金属挥发受到抑制，重金属以高熔点的氧化物形式存在于熔渣中。

（3）飞灰、粉尘

与传统的医疗废物焚烧技术相同，使用等离子体气化技术处理医疗废物时也会产生大量飞灰，因此，在气体净化过程中需要设置除尘器去除飞灰和粉尘。虽然等离子体气化技术处理医疗废物产生的飞灰中的二噁英含量较少，具体成分也与传统焚烧技术产生的飞灰成分不同，但对于医疗废物的飞灰仍需通过填埋处置。

（4）尾气

在医疗废物的等离子体气化处理中，产生的气态物质包括 CO、H_2、CH_4、HF 和 HCl 等；其中，CO、H_2、CH_4 等均可作为二次能源再利用，而少量的 HCl 和 HF 气体则需要净化后才能达标排放。

对等离子体气化技术产生的合成气成分进行分析，净化后的合成气中，各气体组分为：CO 19.0% ～ 23.1%，CO_2 7.0% ～ 8.7%，H_2 13.0% ～ 17.6%，H_2O 5.0% ～ 8.5%，N_2 46.0% ～ 49.6%。由此可见，净化后的合成气是很好的可燃气，对合成气的再利用将是等离子体气化技术未来的重要研究方向之一。

在国内，目前将等离子体气化技术用于医疗废物处理的工程设备屈指可数，对于尾气的处理仅限于净化后的达标排放，如采用干式反应—袋式除尘—湿式洗涤的形式，而合成气的综合利用还停留在理论阶段。

5.4.5　临床废物集中与分散处理处置的分析比较

虽然医疗垃圾就地焚化是最安全的处理方法，其优点是不仅可以彻底杀灭所有微生物，而且使大部分有机物焚化燃烧，转变成无机灰分，焚烧后固体废物体积可减少 85% ～ 90%，从而大大减少运输和最终处置费用，也消除了运输过程中可能造成的污染。但就地焚烧的主要问题是设备费用较高，还存在空气污染、设备使用率不高等问题。表 5-1 对临床废物的集中处理和分散处理进行了简单的分析比较，表明集中化有利于减少污染和控制风险，同时也可大幅度地降低产生单位的经济负担。因此，医疗废物的处理处置应逐步向集中化、专业化过渡。

表 5-1　临床废物集中处理和分散处理的综合分析

项目	分散处理（现状）	集中处理（预期）
焚烧设备	小型医用焚烧炉	大型专用危险废物焚烧炉
焚烧温度 /℃	800	1100
停留时间 /s	（无数据）	> 2
焚毁率 /%	（无数据）	> 99.99
尾气净化	无设施	二级净化（含碱喷淋）
二噁英控制	无	急冷装置和管理措施
环境污染	污染总量大	污染总量小
工程投资	小	大
单位运行成本	高	低
操作人员	缺乏专业知识，无培训	具有专门资质，经常培训
运输风险	无	有
贮存风险	缺乏管理，风险大	严格管理，风险小
安全性	较不安全，但事故影响范围小	较安全，但事故影响范围大
环境管理	不便于管理	可实施各项管理制度，对集中处理可实施严格的管理

总之，医院垃圾处理涉及许多问题，国内还有大量工作要做，包括：

① 各地医院垃圾的数量、组成、处理方式、去处等调查；

② 医院垃圾焚烧后底灰和飞灰的数量，组成和处理方法，特别是重金属的固化与分离；

③ 垃圾焚烧过程参数控制，主要集中在医院垃圾预处理技术和焚烧温度；

④ 垃圾焚烧热能的合理利用途径，特别是垃圾组成—预处理—焚烧方式—二次污染控制（炉内和炉外）—热能利用方式的一体化技术选择；

⑤ 金属制品的处理，特别是熔融设备选型、温度等。

第6章 ▶ ▶ ▶ ▶ ▶ ▶

医疗废物非焚烧处理技术

◀ ◀ ◀ ◀ ◀ ◀

　　焚烧法作为医疗废物处置过程中最常用的技术，因其可同时实现医疗废物的无害化、减量化和资源化而得到了广泛应用。在我国，约 50% 处置设施都是采用焚烧处理工艺，50% 采用非焚烧处理技术。

　　然而，焚烧法在处理医疗废物过程中存在的缺陷也同样明显，其中最主要的就是焚烧烟气污染问题，尤其是二噁英的产生。随着《关于持久性有机污染物国际公约》（POPs 公约）的签订，该公约于 2004 年 5 月进入实施阶段，公约要求所有签约国家减少二噁英等副产品的产生，而医疗废物是以上副产品的重要来源，无疑也是公约所限制的主要内容之一。与此同时，公众对二噁英等焚烧过程中产生的尾气污染反对倾向也日趋强烈。在此背景之下，采用焚烧法处理医疗废物，对焚烧设备的要求不断提高，因此非焚烧技术在处理小规模的医疗废物中应用较为广泛。

6.1　概论

6.1.1　采用非焚烧技术的缘由

　　在美国，1997 年颁布的最新焚烧炉标准规定新建以及现有的医疗废物焚烧炉必须达到相应污染物排放限值要求。为了满足这一要求，需要配置相应的尾气污染控制设备，要在原有焚烧基础上配置二段炉，要对焚烧尾气进行定期的监测，要对焚烧炉温度等工况参数进行连续检测。《烧废油的空气加热设施的安全标准》（ANSI/UL 296A—1997）还规定要对操作者进行培训并获得相应的资格，要制定相应的废物管理计划，建立汇报及记录制度等。根据这一标准，现有的所有医疗废物焚烧炉在 2002 年前都必须符合医院／医疗废物焚烧炉标准，其所涉及的管理和技术过程都要严格和繁杂的多。此外，对于处理规模在 10t/d 以下的小规模医疗废物处理设施，焚烧工艺应用于此类规模，收集量变化幅度大，处置规模不稳定，实现连续的热解焚烧几乎不可能，也无法发挥焚烧的规模效应。在这种条件之下，例如高温蒸汽处理技术、微波消毒工艺、化学消毒工艺等非焚烧技术近几年在欧美发达国家也得到了广泛应用。我国于 2004 年颁布的《全国危险废物和医疗废物处置设施建设规划》中规定，对处理量在 10t/d 以下的医疗废物处理设施，可采用焚烧以外的其他处理技术，从政策角度对技术路线给予指导。

6.1.2　高温蒸汽灭菌工艺

医疗废物的危害主要表现为感染致病性，基于这点，将医疗废物暴露于一定温度的水蒸气氛围中并停留一定的时间，利用水蒸气释放出的潜热可使医疗废物中的致病微生物发生蛋白质变性和凝固，使致病微生物死亡，从而达到医疗废物无害化和安全处理处置的目的。

6.1.3　化学消毒工艺

化学工艺利用杀菌剂，例如二氧化氯、漂白剂、强酸或者非有机化学物质来处理废物。为了有效提高药剂的效用，化学工艺经常先采用切割、粉碎和调配等方法，提高废物的接触面积。除了化学消毒，还有一些密封剂混合物，它们能够在处理前固化尖锐物、血液或者别的体液，从而达到阻止微生物或致病菌传播的目的。臭氧处理医疗废物是一项正在发展的技术，该技术是利用催化氧化作用来处理医疗废物。此外，一个最新的工艺是在加热过的不锈钢容器中用碱液来水解组织。

6.1.4　微波消毒工艺

以放射为基础的工艺是通过电子束、Co-60 或 UV（紫外线）放射以杀死病原体达到处理目的的技术，这些技术需要通过屏蔽作用以防止工作中发生辐射接触。电子束放射用一阵高能量的冲击来引起化学分解和细胞壁破裂，从而破坏废物中的微生物机体。这种病原体破坏的效率取决于废物吸收的剂量，而吸收剂量的多少又与废物密度和电子束能量有关。有杀菌能力的紫外线放射（UV-C）已经作为处理技术的一种补充。

6.2　医疗废物高温蒸汽处置技术

从原理上看，医疗废物高温处置设备作用原理与医用蒸汽灭菌设备作用原理基本相同。但一方面，由于处理处置对象的不同，医用蒸汽灭菌设备在蒸汽品质、设备控制精度、灭菌效果保证等方面的要求要严于医疗废物高温蒸汽处置设备，如果要求医疗废物高温蒸汽处置设备达到医用蒸汽灭菌相应的技术等级，在经济上不可取；另一方面，由于医疗废物成分的复杂性，医疗废物高温蒸汽处置过程中会有废液、挥发性有机物（VOCs）、重金属等有害物质向环境排放，所以医疗废物高温蒸汽处置除需要考虑医疗废物处置效果满足环境卫生标准外，还需对处置过程中产生的废液和废气进行有效处理。

6.2.1　工艺概况

利用高温蒸汽杀灭医疗废物中的致病微生物是医疗废物高温蒸汽处置过程中的主要环节，但在实际应用中，为提高蒸汽热量向物料内部传递的效率，使其受热更均匀以及使得医疗废物不可辨认，通常辅以对医疗废物进行破碎毁形，以及为减少蒸汽处理后医疗废物外运的成本，通常还辅以压缩措施，根据破碎毁形和蒸汽处置的先后关系不同，医疗废物高温蒸汽处置通常以如下三种形式出现。

（1）形式一：高温灭菌 + 破碎毁形

如图 6-1 所示。

图6-1　高温灭菌＋破碎毁形

　　先进行高温蒸汽处置后破碎毁形与下面先破碎毁形后高温蒸汽处置相比的优势在于：高温蒸汽处置后的医疗废物满足较高程度的卫生标准，可降低后续破碎工段的操作风险，如破碎过程中不会产生带菌的粉尘，工人在破碎设备检修期间不存在因残存于破碎设备内的病菌而感染致病的问题，破碎设备通常不需要消耗额外的化学消毒措施。这种工艺形式的蒸汽处置设备通常是压力型的，在蒸汽处置前要求抽真空排出蒸汽设备内热的不良导体——空气，蒸汽处置要在高温高压的条件下完成，以获得良好的处置效果。此种工艺形式相比较于其他两种处置形式更为广泛。

（2）形式二：破碎毁形＋高温灭菌

　　如图6-2所示。

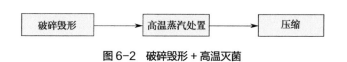

图6-2　破碎毁形＋高温灭菌

　　与先高温蒸汽处置后破碎毁形相比的优势在于：一方面，医疗废物的包装破坏后，使得医疗废物直接暴露于高温蒸汽之下；另一方面，破碎后的医疗废物与高温蒸汽接触面积更大，因而灭菌效果更容易保证。其缺点正如前面所述，先破碎未经灭菌的医疗废物风险太大，容易使操作工人感染致病。目前已有改进的措施来克服此种形式的不足，如使破碎机与高温蒸汽处置设备一体化，要求破碎设备密封性能较高，并在负压下运行以防止带菌粉尘外逸，配备消毒设备定期对破碎设备内部进行消毒以降低维修时的健康风险。

（3）形式三：破碎毁形、高温灭菌同步

　　如图6-3所示。

图 6-3　破碎毁形、高温灭菌同步

此种工艺形式的处置设备，其灭菌室内一般设有搅拌装置，在蒸汽处置的过程中同时进行搅拌，通过搅拌一方面破坏医疗废物的包装，使医疗废物直接暴露于蒸汽氛围中；另一方面搅拌翻动医疗废物，可使医疗废物受热更均匀，从而提高蒸汽处置效果。

6.2.2　设备形式

根据医疗废物高温蒸汽处置设备压力的不同，可将出事设备分为常压型和压力型两种类型。两种类型设备工作压力不同，其灭菌温度和灭菌时间等关键参数也不同。

① 常压型：设备灭菌工作时，灭菌室内正常气压不大于大气压。

② 压力型：设备灭菌工作时，灭菌室内正常气压大于大气压。

6.2.3　规范要求

《医疗废物高温蒸汽集中处置技术规范》（以下简称《技术规范》）中对医疗废物高温蒸汽处置的处置对象、单台处理能力、杀菌率等均给出了相应的规范要求。

6.2.3.1　处置对象

《医疗废物分类目录》将医疗废物分为感染性废物、损伤性废物、病理性废物、药物性废物和化学性废物五大类，其中感染性废物、损伤性废物和病理性废物的危害主要表现为感染致病性，药物性废物和化学性废物的主要危害表现为化学毒性。从高温蒸汽处置医疗废物的原理来看，医疗废物高温蒸汽处置技术能够消除医疗废物的感染致病性，不能够消除医疗废物的化学毒性，因此从处置原理角度出发，其适用于处置感染性废物、损伤性废物和病理性废物，不适用于处置药物性废物和化学性废物。由于药物性废物和化学性废物中可能含有细胞毒素、致癌物质等化学物质，因而，如果对药物性废物和化学性废物进行高温蒸汽处置，其所含的有害化学物质会在高温蒸汽氛围作用下挥发到大气中，危害环境和操作工人的健康。如果感染性废物和损伤性废物中汞及挥发性有机物含量较高，也不建议对其进行高温蒸汽处置。

因此，医疗废物高温蒸汽处置适用于处置感染性废物和损伤性废物，不适用于处置病理性废物、药物性废物、化学性废物、汞和挥发性有机物含量较高的医疗废物。

6.2.3.2　单台处理能力

根据《技术规范》要求，医疗废物高温蒸汽集中处置规模介于 3 ～ 10t/d 之间，同时要求处置设备每天运行时间不少于 16h，因而，医疗废物高温蒸汽处置设备单台处理能力应介于 187.5 ～ 625kg/h 之间。

6.2.3.3　杀菌率

根据医疗卫生行业规定，利用高温蒸汽进行消毒灭菌处理需达到消毒水平时，杀菌率应不小于 99.99%；需达到杀菌水平时，杀菌率应不小于 99.9999%。根据《技术规范》要求，医疗废物高温蒸汽处置规定以耐热性很强的嗜热性脂肪杆菌芽孢（*Bacillus stearothermophilus spores*）作为指示菌种，要求杀菌率不小于 99.999%。

6.2.3.4　压力型处置设备真空形式

饱和蒸汽与医疗废物的有效接触是影响压力蒸汽灭菌效果的一个重要方面。压力型处置设备在灭菌前如何有效排出灭菌室内部的空气，对饱和蒸汽与医疗废物的有效接触有重要影响。根据《技术规范》要求，从 3 个方面对压力型处置设备空气排空方式进行了规定：

① 灭菌室内存在的空气是热的不良导体，容易阻挡蒸汽与医疗废物的接触，形成所谓的"冷岛效应"影响灭菌效果；

② 灭菌室内的医疗废物为成袋的堆积形式，如不采取机械强制抽气方式，堆积物内部空隙间的空气难以得到有效排出，堆积在内部的医疗废物灭

菌效果就难以得到保证；

③ 成袋的医疗废物在进入蒸汽处置设备前是严禁破坏其密封包装形式的，因此密封包装内部的空气在采取重力置换排气的情况下无法排出，而采用预真空或脉动真空的方式能够在处置过程中破坏包装袋，使得内部的空气得以排出，其中脉动真空方式为多次抽真空，空气排出效率更有保证。

医疗废物高温蒸汽压力型处置设备必须采用预真空形式或脉动真空形式排出灭菌室内的空气，并推荐采用脉动真空形式。

6.2.3.5　灭菌温度和灭菌时间

（1）压力型设备灭菌温度和灭菌时间

人们对微生物死亡的动力学研究表明，其死亡过程属于一级反应过程，在一定温度下存在下列关系：

$$\lg N_t = \lg N_0 - K_t/2.303 \tag{6-1}$$

式中　N_0——原始微生物量；

N_t——t 时残存的微生物量；

K——速度常数，其数值与微生物种类，所处环境等因素有关。

将式（6-1）变形后可得：

$$t = (\lg N_0 - \lg N_t) \times 2.303/K \tag{6-2}$$

现引用 D，并定义其为一定温度下杀灭微生物数量达到 90% 所需要的时间。则由式（6-2）可得 D 为：

$$D = (\lg 100 - \lg 10) \times 2.303/K \tag{6-3}$$

即：　　　　　　　　　　　$D = 2.303/K$

由上可知，D 值取决于 K 值，而 K 值因微生物种类、环境、灭菌温度不同而各异，根据不同灭菌法对于不同微生物 D 值的测定实验，对于同一种微生物来说，在相同介质环境下，灭菌温度越高，微生物的死亡时间就越短，即所需的灭菌时间就越短，灭菌效率就相应越高。考虑到灭菌处置对象是医疗废物，并不是灭菌温度越高越有利，根据《技术规范》要求，压力型设备灭菌温度应设定为 134℃，并要求设备灭菌室温度波动幅度不大于 3℃。灭菌室温度达到 134℃ 时灭菌室内的气体压力（表压）不应小于 210kPa，灭菌时间不应小于 45min。

（2）常压型设备灭菌温度和灭菌时间

由于常压型处置设备灭菌室不是密闭的，所以难以维持内部蒸汽压力为210kPa以取得较好的蒸汽渗透性。为了弥补常压下蒸汽渗透性较弱的缺点，常压型设备在对医疗废物进行灭菌前，需要对医疗废物进行破碎毁形，同时在对医疗废物通入蒸汽杀菌过程中要求有搅动装置搅动破碎后的医疗废物，使医疗废物与高温蒸汽充分地接触，以达到规定的杀菌率。

常压下处置设备灭菌温度应不低于100℃，灭菌时间不得小于60min。

6.2.3.6　抽真空程度

（1）预真空方式

预真空方式抽真空所达的真空度不应低于0.095MPa，即抽真空后灭菌室有分压为6.325kPa的空气残留，抽真空程度约为93.76%。

（2）脉动真空方式

《技术规范》中未对脉动真空方式抽真空装置的抽吸功率和脉动次数做强制性规定，但规定脉动真空完成后灭菌室内残留的空气量不得超过原来的7%，即空气抽除率大于93%。

6.2.3.7　尾气处理

蒸汽处理过程中，可能会有一定量的挥发性有机物（VOCs）、汞蒸气等产生，并且气体中可能会含有活的微生物或灭活的微生物，为减少这些气体排放对周围环境的危害和降低操作工人的风险，医疗废物高温蒸汽处置设备必须配备尾气净化装置。《技术规范》中，建议的尾气净化装置包括过滤装置和活性炭吸附装置。如果VOCs产生量较大，建议增设VOCs氧化装置，同时为了改善操作环境，建议考虑喷药剂进行脱臭处理或设置脱臭装置。

6.2.3.8　最终排放

经高温蒸汽处置并且达到所规定的处置效果后的医疗废物，其有害性基本消除，可以作为普通的生活垃圾进行卫生填埋或焚烧，具体执行方式根据当地有关规定执行。

6.3 医疗废物化学消毒技术

6.3.1 概述

（1）化学处理技术的定义及分类

医院和其他医疗卫生设施应用化学类的处理方案已有数十年之久，应用范围涉及对可重复利用设施的消毒和普通的表面清洁等诸多方面。当化学物质被用作医疗废物的处理时，主要问题在于如何确立化学物质和易感染废物高聚集性之间的联系，以及如何确定为达到消毒目标所需的暴露时间。pH值、温度、其他化学物质的干扰等会影响消毒过程的因素也必须被考虑进去。

考虑到化学物质的性质，工人在工作中通过空气和皮肤暴露于聚集物的情况应该被关注。因为许多化学处理技术会将相当数量的流体和废水排入下水道，这样的排放必须通过相应的排放限制的约束。另外，确定那些排放所带来的长期的环境影响也是相当重要的。

以往，由于氯和次氯酸盐对许多种类的微生物有导致失活的效果，最常用的化学处理医疗废物的方法是氯处理方法。次氯酸钠溶液（漂白）是常用的处理药剂。最近，不含氯的化学消毒方法也开始应用，例如过氧乙酸、臭氧、氧化钙等，它们中有些在医院设施消毒中已经被广泛地应用。本节介绍的技术被分为含氯化学处理技术和不含氯化学处理技术。

（2）化学处理技术的适用范围

根据环保部2006年颁布的《医疗废物化学消毒集中处置工程技术规范》（以下简称《技术规范》）所给出的适用范围，化学消毒处理技术适用于处理《医疗废物分类目录》中的感染性废物、损伤性废物和病理性废物（人体器官和传染性的动物尸体除外）；不适用于处理《医疗废物分类目录》中的药物性废物和化学性废物。

不能采用化学消毒处理技术处理的医疗废物，必须采用其他方法进行管理和处置，禁止将没有消毒的医疗废物混入生活垃圾或其他废物中进行填埋。

（3）化学处理技术的优点与缺点

1）化学处理技术的优点

化学处理技术有以下的优点：

① 使用次氯酸钠的技术起步于 20 世纪 80 年代初并有相当长期的跟踪研究与报道，对反应过程的理解相当透彻。

② 技术已实现了自动化，便于使用和管理。

③ 流体物质可被排入卫生通道。

④ 没有燃烧的副产物。

⑤ 如果该技术合并破碎，那么废物可以是不能辨识的。

2）化学处理技术的缺点

化学处理技术有以下的缺点：

① 大规模的氯和次氯酸盐系统的废水可能会产生有毒副产物。

② 如果废物中含有危险的化学物质，这些有毒的污染物将扩散入大气和废水中，残余的物质会污染填埋场，或者它们会和其他的化学物质作用产生有毒或无毒的化合物。

③ 压实或粉碎中产生的噪声有时会相当高。

④ 在处理单元周围会产生有刺激性的气味。

⑤ 废物中任何大的、坚硬的物体会破坏如粉碎机等机械设备。

3）选用化学处理技术需考虑的问题

需主要考虑以下问题：

① 确保有危险的物质被有效地隔离。

② 确保工作环境的化学物质聚集没有超过标准。

③ 保持化学和生物监测的记录、处理过程参数的记录（如化学凝聚性），预防性持久活性的记录以及周期性检测的记录。

④ 提供充足的通风以减少气味和空气中的凝聚体。

⑤ 安装紧急冲洗的胶管、喷淋头、洗眼设备和专门为化学事故泄漏准备的急救设备。工人们应配备抗化学药剂的护目镜、手套、围裙和其他为化学紧急事故定制的防护面具等个人防护用品。如果噪声过大要提供听力保护设施。

⑥ 向技术专业人士了解消毒剂和废物中潜伏的化学物质之间的相互作用。弄清其作用机理会产生何种危险物质，应该采取何种紧急应对措施，这

些问题何以避免。

⑦ 提供工人的职业培训，其中包括：对化学处理技术的基本了解，标准操作流程，职业安全教育（物质安全性数据手册，毒理学，化学品的不相容性和相互作用，暴露接触限制，生物工程学，适当的废物处理技术，个人防护设备等），鉴别何种废物能被处理，识别技术问题，定期维护列表和持久性计划。

6.3.2　化学消毒处置系统

医疗废物化学消毒处置系统包括进料单元、破碎单元、药剂供给单元、化学消毒处理单元、出料单元、自动控制单元、废气处理单元、废液处理单元及其他辅助设备。医疗废物化学消毒处置系统应实现消毒处理、破碎、干燥（压缩）设备一体化，避免医疗废物由系统的入口进入出口使出料之间存在人工接触的可能性。

化学消毒技术的消毒效果应能达到：

① 繁殖体细菌、真菌、亲脂性 / 亲水性病毒、寄生虫和分枝杆菌的杀灭对数值≥ 6。

② 枯草杆菌黑色变种芽孢（*Bacillus subtilis* ATCC 9372）的杀灭对数值≥ 4。

化学消毒药剂可采用石灰粉、次氯酸钠、次氯酸钙、二氧化氯等。药剂供给必须保证药剂有效浓度和相应的接触反应时间，针对不同药剂应符合如下要求。

1）石灰粉

所采用的石灰粉纯度宜为 88% ～ 95%，接触反应时间应大于 120min，药剂投加量（石灰粉 / 医疗废物）应大于 0.075kg/kg，反应控制的强碱性环境 pH 值应在 11.0 ～ 12.5 范围内。

2）次氯酸钠

所采用的消毒剂质量浓度宜为 8 ～ 10g/L 有效氯，接触反应时间应大于 60min，药剂投加量（次氯酸钠消毒液 / 医疗废物）应大于 0.05kg/kg。

3）次氯酸钙

所采用的消毒剂质量浓度宜为 8 ～ 10g/L 有效氯，接触反应时间应大于 60min，药剂投加量（次氯酸钙消毒液 / 医疗废物）应大于 0.05kg/kg。

4）二氧化氯

所采用的消毒剂质量浓度宜为 4 ~ 6g/L 有效氯，接触反应时间应大于 60min，药剂投加量（二氧化氯消毒液 / 医疗废物）应大于 0.04kg/kg。

6.4　医疗废物微波消毒技术

微波是波长 1 ~ 1000mm 的电磁波，频率在数百兆赫至 3000MHz 之间，用于消毒的微波频率一般为（2450±50）MHz 与（915±25）MHz 两种。

微波在介质中通过时被介质吸收而产生热，该类介质被称为微波的吸收介质，如水就是微波的强吸收介质之一；而当微波能在介质中通过且不易被介质吸收时，该类介质为微波的良导体，在这种介质中产生的热效应很低。热能的产生是通过物质分子以每秒几十亿次振动，摩擦而产生热量，从而达到高热消毒的作用，同时微波还具有电磁场效应、量子效应、超电导作用等影响微生物的生长与代谢。一般含水的物质对微波有明显的吸收作用，升温迅速，消毒效果好。

微波的消毒机理目前尚无定论，一般认为有以下几种可能。

（1）热效应

微波照射热效应的产生是由分子内部激烈运动所致。极性物质（如水）的分子两端分别带有正负电，形成偶极矩，此种分子称为偶极子。当置于电场中时，偶极子即沿外加电场的方向排列，在高频电场中，物质内偶极子的高速运动引起分子相互摩擦，从而使温度迅速升高。因此，微波加热与其他加热方式不同，不是使热从外到内传热，微波加热时产热均匀，微波能达到的地方，吸收介质均能吸收微波并很快将微波转化为热能，使微生物死亡。

（2）非热效应

微波的振荡改变了细胞胶体的电动势，改变细胞膜的通透性，因而影响细胞及组织器官的某些功能；微波照射后，由于细胞核内物质吸收微波能量的系数不同，致使细胞核内物质受热不均匀，影响细胞的遗传与生殖；谐振吸收，微波中的频率较接近于有机分子的固有振荡频率，当细胞受到微波照射时，细胞中的蛋白质特别是以氨基酸、肽等成分可选择性地吸收微波的能量，改变了分子结构或个别部分的结构，破坏生物酶的活性，因而影响细胞的生化反应，影响微生物的生长代谢。

（3）综合效应

经过分析研究结果发现，单纯热效应或非热效应都不能解释微波的消毒特性，微波快速广谱的消毒作用是复杂的综合因素作用的结果。认为只存在热效应或非热效应观点的差异主要是各自实验方法都存在一定的不足。正确认识微波消毒机理应从如下几方面解释：

① 微波快速穿透作用和直接使分子内部摩擦产热显示出良好的热效应作用。消毒废物采用防热扩散密封包装有助于包内热量积累充分发挥热效应。

② 微波的场效应，生物体处于微波场中时细胞受到冲击和震荡，破坏细胞外层结构，使细胞通透性增加，破坏了细胞内外物质平衡。电镜下可见到细胞肿胀，进而出现细胞质崩解融合致细胞死亡。

③ 量子效应，微波场中量子效应波主要是激发水分子产生 H_2O_2 和其他自由基，形成细胞毒作用。这种作用可使细胞内各种蛋白酶、核酸等受到破坏。另外，光子可以增加分子动能，促进热反应。

④ 微波以外的因素，在充分保证微波能量和作用时间的条件下，消毒废物的包装、合适的含水量、负载量以及废物的性质等都是改变微波消毒效果的重要因素。

综上所述，微波消毒是以热效应为主、非热效应为辅，通过多种效应共同作用的结果。

6.4.1　技术概况

医疗废物微波消毒系统包括进料单元、破碎单元、微波消毒处理单元、卸料单元、自动化控制单元、废气处理单元、废水处理单元。采用破碎、进料、消毒、出渣一体化设备，并对废水和废气进行规范化处理，以达标排放。微波消毒处理设备周围需设置足够数量的微波检测仪，并设置报警装置，避免微波照射对操作人员的急性伤害。

根据《医疗废物微波消毒集中处理工程技术规范》(以下简称《技术规范》)
要求,经过微波消毒处理的消毒效果应达到:

① 对繁殖体细菌、真菌、亲脂性 / 亲水性病毒、寄生虫和分枝杆菌的杀
灭对数值≥ 6;

② 对枯草杆菌黑色变种芽孢(*Bacillus subtilis* ATCC 9372)的杀灭对数值≥ 4。

6.4.2　适用范围

根据环保部 2006 年颁布的《医疗废物微波消毒集中处置工程技术规范》
(以下简称《技术规范》)所给出的适用范围,微波消毒处理技术适用于处理
《医疗废物分类目录》中的感染性废物、损伤性废物和病理性废物(人体器官
和传染性的动物尸体除外);不适用于处理《医疗废物分类目录》中的药物性
废物和化学性废物。

不能采用微波消毒处理技术处理的医疗废物,必须采用其他方法进行管
理和处置,禁止将没有消毒的医疗废物混入生活垃圾或其他废物中进行填埋。

6.4.3　废物残渣的排放

完全封闭的微波炉可以安装在室外以及高效微粒空气过滤器可以阻止进
料时的气溶胶泄漏,臭气问题基本上被解决,除非在十分接近微波炉的地方。
在美国康涅狄格的实验室、英国伦敦的研究室、法国里昂的研究机构的研究
成果表明,Sanitec 装置的设计使泄漏的气溶胶减少了。

如果废弃的蒸汽不能有效地隔离加入内腔中的危险化学废物,有毒的内
含物就会释放到空气中、冷凝物中或是已经处理好的废物中。国家职业安全
与健康协会(NIOSH)的一项独立的研究发现,在工人的工作环境内和微波
炉简易装置的工作区域内,挥发性有机物的含量并没有超过他们设定的标准。
在微波炉简易装置中挥发性有机物含量最高的是 2- 丙醇,为 2318mg/m³。另
外,在 6 个微波炉简易装置周围对 11 种挥发性有机物(包括苯酚、四氯化碳、
氯仿、卤代烃等)的测量显示最大值和 8h 平均值或者低于检测限,或者低于
允许的排放标准。

毒性渗滤物检测程序对微波炉废物残渣的测试表明，废物残渣已经可以认为是无危险性的了。粉碎废弃物在微波炉内不仅能够增强传热效果而且还将废物的体积减小到 80%。最初时垃圾的量可能会由于浓缩蒸汽而有轻微上升。处理过的废弃物已达到不可辨认的状态，并且可以在普通的卫生填埋场中处置。

6.5　医疗废物超临界氧化技术

2003 年 5 月，全球环境基金（GEF）理事会批准了医疗废物非焚烧技术示范全球项目第一阶段工作。全球项目选择了 4 个国家参与，第一阶段以斯洛伐克为主进行了实施，项目第二阶段在菲律宾实施，其中第三个阶段选在中国，最后一个阶段将选择一个非洲国家参与。超临界水氧化技术是其提出的备选非焚烧技术之一，目前这种技术在国内还鲜有报道。

6.5.1　超临界水氧化技术原理

水的临界点是 374.3℃，临界压力为 22.1MPa，当温度和压力超过此值时水就成为超临界水。与普通液体水相比，在超临界状态下水的密度和黏度较低，传质和传热性能得到提高，具有很高的溶解性，可以破坏有机物和有毒废弃物。其基本的工作原理为：当向超临界水中通入氧（或其他氧化剂）时，活泼的氧攻击有机物分子中较弱的 C—H 键产生自由基 $HO_2\cdot$，它与有机物中的 H 生成 H_2O_2；H_2O_2 进一步分解为亲电性很强的自由基 $HO\cdot$，自由基 $HO\cdot$ 与含 H 有机物作用生成自由基 $R\cdot$；自由基 $R\cdot$ 与氧作用生成自由基 $ROO\cdot$，其进一步获得 H 原子生成过氧化物，过氧化物通常分解为分子量较小的化合物；如此循环，直到生成 CO_2、H_2O、N_2 等无害物质，有机物中的 S、Cl、P 等元素则生成相应的酸或者盐。整个过程可表示为：

$$溶解氧 + R—C—H \longrightarrow HO_2\cdot$$
$$HO_2\cdot + R—H \longrightarrow H_2O_2$$
$$H_2O_2 \longrightarrow HO\cdot$$
$$HO\cdot + R—H \longrightarrow R\cdot$$

$$R\bullet + O_2 \longrightarrow ROO\bullet$$

$$ROO\bullet + H \longrightarrow 过氧化物$$

$$过氧化物 \longrightarrow 小分子化合物$$

上述过程也可概括为：

$$有机物 + O_2 \longrightarrow CO_2 + H_2O$$

$$有机物中杂原子 \longrightarrow 酸（H_3PO_4、H_2SO_4、HNO_3）、盐、氧化物$$

在超临界水氧化（SCWO）过程中，医疗废物首先被送到反应器中，然后加入高温高压的水蒸气，使水蒸气成为超临界状态。在超临界状态下，水蒸气与有机废物中的有机物发生反应，将其分解成无害化的二氧化碳、水等物质。此外，超临界水中的自由基和活性氧物种（如 $HO\bullet$、$O_2\bullet$ 等）也参与反应，进一步加速有机物的降解。

6.5.2　超临界氧化技术的优缺点

（1）技术优点

① 高效灭菌：超临界水氧化技术可以有效地杀死医疗废物中的细菌和病毒，达到高效灭菌的效果。

② 减少体积：超临界氧化技术可以将医疗废物转化为较小的体积，从而减少废物处理的体积和成本。

③ 无害化处理：超临界氧化技术可以将医疗废物转化为无害的物质，从而达到无害化处理的目的。

④ 环保节能：超临界氧化技术可以有效地减少废物处理过程中的污染和危害，并且可以降低处理成本。

（2）技术缺点

① 高温高压条件：超临界氧化技术需要高温高压条件，这需要专门的设备和技术来实现，因此成本较高。

② 反应条件控制：超临界氧化技术需要对反应条件进行精确控制，否则可能会导致反应不完全或产生有害物质。

③ 腐蚀性：超临界氧化技术中使用的超临界水流体具有强烈的腐蚀性，

需要使用特殊的材料和防腐措施。

6.5.3　超临界氧化技术应用前景

尽管超临界氧化技术在医疗废物处理中具有很大的潜力，但目前该技术仍处于研究和开发阶段。从长远来看，随着技术的不断成熟和成本的降低，超临界氧化技术在医疗废物处理中的应用前景将非常广阔。尤其是在处理高危险性、高感染性的医疗废物时，超临界氧化技术具有明显的优势。

总之，超临界氧化技术是一种先进的医疗废物处理技术，具有高效、无害、环保等优点，但同时也存在一些缺点和限制，需要根据实际情况和需求进行评估和决策。在今后的研究和应用中，如何进一步优化超临界氧化技术，降低处理成本，提高处理效率，将是该技术发展的重要方向。

6.6　医疗废物填埋技术

卫生填埋是废物的最终处置方式。但是，对于医疗废物来说，直接采用填埋方式有许多困难。由于医疗废物的特性，一般不容许将其混入生活垃圾进行填埋。我国的《生活垃圾填埋污染控制标准》明确禁止传染性废物进入生活垃圾填埋场。实际上，医疗废物进入生活垃圾填埋场将会成为一个潜在的疾病传染源。1983 年贵阳市垃圾填埋场附近砂石场和猪鬃场流行痢疾，经检验是由于填埋场渗滤液进入地下水所致。而将医疗废物混入综合性危险废物安全填埋场也是不行的。由于危险废物安全填埋场一般是对无机废物进行最终安全处置，有机废物不能进入。而医疗废物中含有各种各样的成分，其中包括大量的易腐性的废物，在进入填埋场后将会产生生物和化学反应，使得填埋场的稳定性受到威胁，因此我国即将颁布的《危险废物安全填埋场污染控制标准》中也明确规定禁止医疗废物进入危险废物安全填埋场。医疗废物专用填埋场，如采用石灰隔离或其他灭菌方式将医疗废物掩埋，因为病原体没有或难以杀灭，容易污染地下水；而且医疗废物量较少，如果采用严格的安全填埋措施将大大提高处置费用。

第 7 章

医疗废物协同处置技术

▲ 医疗废物与其他危险废物协同处置
▲ 医疗废物与生活垃圾协同处置

7.1 医疗废物与其他危险废物协同处置

7.1.1 危险废物协同处置概述

危险废物是指具有毒性、腐蚀性、易燃性、反应性、感染性等一种或多种危险特性的，或者不排除具有危险特性，可能对环境、人体健康造成有害影响，需要按照危险废物进行管理的废物，形态上包括固态废物和液态废物。根据我国《国家危险废物名录（2025 年版）》，危险废物可分为 50 大类别，共计 479 种小类，主要来源于卫生行业、化学原料和化学制品制造业、有色金属冶炼和压延加工业、非金属矿采选业、造纸和纸制品业、有色金属矿采选业等众多工业环节。根据生态环境部生态环境统计年报数据，2021 年，在《排放源统计调查制度》确定的统计调查范围内，全国工业危险废物产生量为 8653.6 万吨，利用处置量为 8461.2 万吨。集中处置设施中危险废物（医疗废物）利用处置量为 3593.3 万吨，其中，处置工业危险废物 1269.5 万吨、医疗废物 153.3 万吨、其他危险废物 152.1 万吨。处置量中填埋量 415.2 万吨、焚烧量 630.2 万吨。危险废物的处理处置主要有资源化利用和无害化处置两大类。资源化利用技术则是将含有有效物质等的高价值危险废物，通过提纯等方式将危险废物加工成资源化产品进行出售，无害化处置技术主要包括焚烧、物化和填埋三种方式。

医疗废物与其他危险废物协同处置，是指在满足运行安全和环保要求的前提下，在进行危险废物处置的同时实现对医疗废物的无害化处置的过程，通常来说适用于焚烧处置工艺。医疗废物作为危险废物中的一类特殊类别，编号为 HW01，同样被纳入危险废物名录中。2008 年国家发展改革委主办编写的《全国危险废物和医疗废物处置设施建设规划》中明确指出，危险废物和医疗废物在处置标准、技术和设施上具有一定共性，因此要把危险废物集中处置设施与医疗废物集中处置设施统筹规划和建设,以充分发挥处置设施的效益。危险废物集中处置设施建设要统筹考虑处置医疗废物,采用焚烧工艺的医疗废物处置设施可以同时处置当地适宜焚烧的危险废物,鼓励建设同时处置危险废物和医疗废物功能齐全的综合性处置中心。《医疗废物集中处置设施能力建设实施方案》要求:积极推进大城市医疗废物集中处置设施应急备用能力建设。直辖市、省会城市、计划单列市、东中部地区人口 1000 万以上城市、西部地区人口 500 万以上城市对现有医疗废物处置能力进行评估,综合考虑未来医疗废物增长情况、应急备用需求适度超前谋划、设计、建设。有条件的地区要利用现有危险废物焚烧炉、生活垃圾焚烧炉、水泥窑补足医疗废物应急处置能力短板。

目前,全国拥有危险废物许可证的医疗废物处置设施分为单独处置医疗废物设施与同时处置危险废物和医疗废物设施两大类。根据生态环境部统计数据显示,2021 年,我国危险废物(医疗废物)集中处理厂共有 2073 家,其中,危险废物集中处理厂 1528 家,(单独)医疗废物集中处置厂 389 家,协同处置企业 156 家,具体情况如图 7-1 所示(书后另见彩图)。

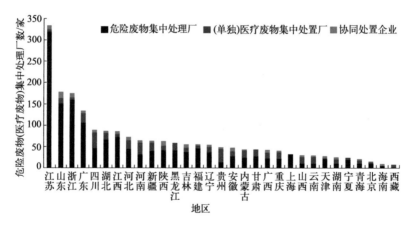

图 7-1 2021 年各地区危险废物(医疗废物)集中处理厂数量

7.1.2 危险废物协同处置原理

危险废物焚烧设施对医疗废物的处置标准、技术和设施具有一定的适用性。由于危险废物和医疗废物具有诸多危害,在收集、运输、处置、利用等全流程均严格按照经营许可证制度管理。因此,将医疗废物与危险废物处置设施进行统筹规划和建设，采用焚烧工艺协同处置医疗废物和适宜焚烧的危险废物，以充分发挥处置设施的效益。此外，当应急突发事件发生，不能按规定对医疗废物进行及时、安全处置时，危险废物处置设施可以作为医疗废物处置的协同应急处置设施。

（1）技术适用性

根据《医疗废物处理处置污染控制标准》（GB 39707—2020）和危险废物焚烧炉烟气排放执行《危险废物焚烧污染控制标准》（GB 18484—2020），医疗废物和危险废物的焚烧设施性能指标如表 7-1 所列。由表 7-1 可以看出，国家标准中规定的危险废物焚烧炉主要指标均优于医疗废物焚烧炉，特别是焚烧炉高温段的温度指标，对医疗废物焚烧仅要求在 850℃以上，烟气停留时间 ≥ 2s，而危险废物焚烧需要在 1100℃以上，烟气停留时间相同。危险废物焚烧设施中更高的焚烧温度，对于医疗废物中病毒、细菌等病原微生物具有更显著的杀灭作用，对废物中的可燃组分焚毁效率更高，医疗废物与危险废物的协同焚烧过程具有良好的适用性。

在烟气处置及达标排放方面，焚烧过程中产生的烟气含有各种气体和颗粒物，需要经过烟气净化系统的处理和过滤，以达到排放标准。这些净化系统通常包括除尘、脱硫、脱硝、脱酸、去除二噁英类及重金属类污染物的功能设置，能够有效去除有害气体和颗粒物，减少对大气环境的污染。根据国家标准，医疗废物和危险废物焚烧炉在大气污染物排放限值要求上标准一致，因此，采用危险废物焚烧设施协同处置医疗废物，在烟气达标排放方面具有一致性和可行性。

表 7-1　医疗废物焚烧炉与危险废物焚烧炉性能指标

要求	医疗废物焚烧炉技术性能指标	危险废物焚烧炉技术性能指标
参照标准	《医疗废物处理处置污染控制标准》（GB 39707—2020）	《危险废物焚烧污染控制标准》（GB 18484—2020）
焚烧炉高温段温度 /℃	≥ 850	≥ 1100
烟气停留时间 /s	≥ 2	≥ 2
烟气含氧量 /%（干烟气，烟囱取样口）	6 ～ 15	6 ～ 15
烟气一氧化碳浓度 24h 均值 /（mg/m³）	≤ 80	≤ 80

续表

烟气一氧化碳浓度 1h 均值 / (mg/m³)	≤ 100	≤ 100
燃烧效率 /%	≥ 99.9	≥ 99.9
焚毁去除率 /%	—	≥ 99.99
焚烧残渣的热酌减率 /%	< 5	< 5

（2）物料配伍

与医疗废物相比，危险废物在类别、性质、数量、形态、处置优先级等诸多方面具有复杂性、不均匀性和特殊性，各种有害成分波动极大。在典型的焚烧工艺中，为了提升炉内废物的均匀性、安全性，减少来料的指标冲击和安全风险，保证窑炉的稳定运行，同时避免有害成分集中焚烧，并控制酸性污染物的含量，需要结合焚烧工况要求，对医疗废物和复杂多样的危险废物进行入炉前的科学搭配。物料配伍的过程就是对于物料热值、物料结构形态、物料元素成分等进行全面优化处理，通过前端对危险废物检测，控制焚烧系统中物料整体的热值、挥发分、含盐量、燃烧灰渣特性、硫元素与氯元素比例等数据，通过选取、混合各类危险废物，合理改善焚烧物料化学物理性能，在均质化的进料处理工作实施基础上，确保焚烧系统内的各种类型物料元素达到可控与平稳的反应进行状态。

医疗废物与危险废物协同焚烧可以有效破坏废物中的有毒、有害的成分，广泛适用于固体、半固体、液体等多种形态的处理，为医疗废物和危险废物的减量化、无害化提供了有效解决方案。通过医疗废物和危险废物的合理组合配伍，对保障协同焚烧过程中焚烧炉稳定运行、控制污染物达标排放具有重要意义，其作用主要体现在以下几个方面。

1）均衡废物的热值和水分

对于医疗废物来说，其热值为 2500 ~ 3500kcal/kg，焚烧过程中能够释放较多的热量。危险废物由于来源差异巨大，部分高热值废物，如有机溶剂、含油废物等，可能热值可达到 5000kcal/kg 以上，而一些废物，如废活性炭、废涂料桶等，其热值则可能不足 1000kcal/kg；不同危险废物种类、不同批次之间差异巨大。热值太高，窑炉温度难以控制，需加大二次助燃空气量，烟速过快，有害气体分解不彻底；热值过低，增加辅助燃料消耗，加大运营成本。对于固态废物来说，物料中含水量过高会很大程度地增加辅助燃料的消耗量。同时，由于预热烘干所需时间较长，导致了进料量及进料频次的下降，很大程度上影响废物的处置效率。对于液态废物来说，一般采用废液喷枪雾化焚烧的方式进行处置，当液态废物中含水量较高时其燃点和热值相应较低，含水率过高的废液雾化后非但不能燃烧，还有可能扑灭系统内原有物料的燃烧火焰。因此，做好医疗废物和危险废物的配伍，可以均衡各种废物的热值和水分，保证焚烧稳定，节省辅助燃料。

2）均衡入窑废物的成分

医疗废物由于难以进行每批次的分析鉴定，其成分通常采用经验值。而危险废物在元素成分上千差万别，各种有害成分波动大，通常需要进行前期实验分析，确定其主要成分和元素含量。配伍过程可根据废物元素成分，尽量避免有害成分物质的集中焚烧，避免有机物产生峰值，控制酸性污染物含量保证焚烧系统正常运行和烟气达标排放。运行时应该对物料进行详细分析检测，对部分卤素含量高、重金属含量高、数量大的危险废物应尽量均匀焚烧，且应控制整体数量，有碱性废物时优先酸碱配伍，以降低入炉废物酸性污染物含量，防止峰值太大，可以使脱酸系统的碱液稳定输入，烟气中污染物排放量平稳并任何时间段都达标。

3）保证废物安全相容性

危险废物焚烧进料配伍，首先需要考虑废物的相容性，特别是危险废物废液，废液种类繁多，入窑前需了解废液的特性和性能，对不相容物质分时段处置，以避免发生化学反应，导致有害气体的产生，甚至发生爆炸。

7.1.3　危险废物协同处置工艺流程

危险废物焚烧设施的运行和管理要求与医疗废物焚烧设施相似，可以作为医疗废物处置的首选替代设施。危险废物焚烧设施的一般处置能力为 2 ～ 60t/d。典型的危险废物回转窑焚烧系统如图 7-2 所示，包括预处理、进料、焚烧、余热利用、烟气净化等辅助系统，当与医疗废物协同焚烧时需要对原有的危险废物焚烧设施进行小范围的改进优化，如新增医疗废物投料系统，冷藏间，收集转运车辆，转运箱清洗、消毒装置等。

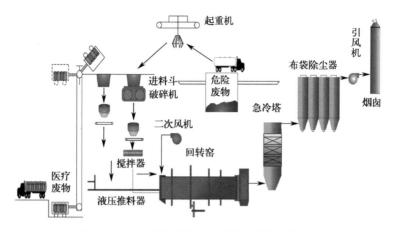

图 7-2　医疗废物与其他危险废物协同焚烧工艺流程

　　医疗废物和固态 / 液态危险废物分别通过相应的输送装置进入回转窑内，炉内温度维持在 850℃左右，使得废物中的有机成分充分氧化焚烧。回转窑内燃烧产生的烟气进入二燃室，以柴油作为辅助燃料，使得烟气中未分解的有机成分及炭颗粒在 1100℃以上的温度下完全分解，使废料的燃烧与破坏去除率达到 99.99% 以上，使有毒成分（有毒气体和二噁英等）在二燃室得到充分的分解和消除，灰渣由水封刮板出灰机自动排出。后续烟气通过脱硫、脱硝、除尘、去除剩余的二噁英等工序，使烟气达到排放标准后，经烟气加热器通过烟囱排入大气，后续烟气处理过程与医疗废物焚烧设施后端烟气处置设备基本类似。与医疗废物单独焚烧工艺相比，协同处置在贮存、预处理和进料等环节的工序和操作中具有较大差异，在此做主要介绍。

7.1.3.1　贮存

　　对于医疗废物和危险废物需要采取分开贮存的方式。医疗废物的贮存需要按照专门的规定设置专属贮存区域、冷藏仓库等。由各个医院收集的医疗废物周转箱运至厂区后，可卸到医疗废物卸料区，逐箱上料进入焚烧系统进行处理，尽可能做到日进日清，如不能立即进行焚烧处理，可在医疗废物冷藏间内短时间存放。根据外界环境合理使用暂时贮存库房空气调节设备，保证温度不超过 20℃。当暂时贮存温度 ≥ 5℃时，医疗废物暂时贮存时间不得超过 24h；当贮存温度 < 5℃时，医疗废物暂时贮存时间不得超过 72h。医疗

废物暂时贮存库房应具有良好的防渗性能，易于清洗和消毒，内设有通风设施，且保持微负压状态，抽出的废气送入废气处理装置处理。此外，必须附设污水收集装置，收集暂时贮存库房清洗、消毒产生的污水。

对于危险废物的贮存，首先需要对进场的危险废物通过电子磅称重，分类计量、化验分析试验室取样试验，并对转运单上的数据进行核对，核对无误后送到固定的危险废物贮存区进行接收、贮存。根据危险废物贮存火灾危险性，可以把危险废物仓库分为若干等级，用于存放不同安全防范等级的危险废物。各个仓库内，不同类别的危险废物应按照不同的化学特性，根据固体 / 液体区别、互相间的相容性分区、分类贮存，对货架、货位进行编号，方便货物的接收管理和查询，货架周围留有适当宽度的巡检通道和叉车通道，且库房要留有足够多的安全出口。同时，危险废物的进出库通常根据废物危险程度，优先处置不利于存放、安全风险较高的废物，其余废物一般遵守"先进先出"的原则，通常最长贮存时间不超过 1 年。

（1）甲类仓库

适合于存放闪点＜ 28℃的液体；爆炸下限＜ 10% 的气体；常温下能自行分解或在空气中氧化能导致迅速自燃或爆炸的物质；常温下受到水或空气中水蒸气的作用，能产生可燃气体并引起燃烧或爆炸的物质；遇酸、受热、撞击、摩擦、催化及遇有机物或硫磺等易燃的无机物，极易引起燃烧或爆炸的强氧化剂；受撞击、摩擦或与氧化剂、有机物接触时能引起燃烧或爆炸的物质；在密闭设备内操作温度大于等于物质本身自燃点的生产废有机溶剂。其闪点较低，易挥发产生大量有毒、易燃性气体，经常由自燃引发重大火灾事故。

（2）乙类仓库

闪点≥ 28℃，但＜ 60℃的液体；爆炸下限≥ 10% 的气体；不属于甲类的氧化剂；不属于甲类的化学易燃危险固体；助燃气体；能与空气形成爆炸性混合物的浮游状态的粉尘、纤维、闪点≥ 60℃的液体；废蒸馏残渣、蒸馏残液。其化学成分复杂，易挥发出有毒、有害气体，且常有易燃、易反应废物会发生反应剧烈燃烧，发生重大火灾风险较大。

（3）丙类仓库

闪点 ≥ 60℃的液体；可燃固体；抹布、树脂、涂料渣等易燃，且可以挥发出有毒、有异味气体的废物。

不相容的典型危险废物类别具体见表7-2。

表7-2　不相容的典型危险废物类别

不相容的废物		混合时会产生的危险
甲	乙	
氰化物	非氧化性酸类	产生HCN，吸入少量可能会致命
次氯酸盐	非氧化性酸类	产生氯气，吸入少量可能会致命
铜、铬及多种重金属	氧化性酸类，如硝酸	产生亚硝酸盐，导致刺激眼睛及灼伤皮肤
强酸	强碱	可能引起爆炸性的反应及产生热能
铵盐	强碱	产生氨气，吸入会刺激眼目及呼吸道
氧化剂	还原剂	可能引起强烈及爆炸性的反应及产生热能

7.1.3.2　预处理

医疗废物在处置过程中不得打开包装，因此在协同处置中无需考虑医疗废物的预处理过程。而危险废物的来源十分广泛，形态相对各异，大小参差不齐，性质也大不相同，为保障回转窑焚烧设备在处置过程中能够连续、稳定地运行，对危险废物进行预处理十分必要。预处理的目的在于使进入焚烧系统的废物成分相对稳定、便于处置，使其固液比例、热值、含水率、各种有害元素含量达到或优于系统进料要求，从而减轻或稳定焚烧系统后续烟气及灰渣处置装置的处理负荷，同时使得成本在可控范围内。

（1）固态废物的预处理

① 破碎、分选。对于固态的焚烧废料，通常要进行破碎、分选处理，破碎成一定粒度的废料不仅有利于焚烧，而且破碎后的分选有利于有价值资源的回收利用（如废旧金属的回收），并且降低焚烧成本。固态废物常见包装包括散装、桶装等形式，根据常规焚烧炉进口要求，长宽高均不宜超过0.4m，

最佳粒度尺寸为0.1m×0.1m×0.2m，不符合尺寸要求的废物需提前进行破碎。破碎机应布置在预处理间的一端，破碎机应采用氮气保护等手段避免着火，废物无论是否破碎都应根据热值、卤素、重金属等成分含量，分别在不同料坑存放。整个预处理间应处于密闭微负压状态，确保有害气体不外溢。

针对不宜或无法将废物与包装桶分离的情况，通过垂直提升机将桶装废物提升至水平轨道输送机上，然后自动送入炉前溜槽内。散装固体废物先进入废物贮坑，用抓斗吊车将其在贮坑中混合，尽量使废物性质、热值均匀。

② 剔除不宜焚烧的危险废物。不宜焚烧的危险废物包括：燃烧值小的；不能在焚烧中处理的有毒化合物；含有大量重金属的化合物。

③ 分离、烘干。对于含水量较高的危险废物，如污泥、半固态废物等，不能直接焚烧，应进行分离及烘干，减少焚烧体积，增加燃烧值。分离可采用离心、压滤等技术；烘干可采用直接烘干（接触法）、间接烘干（对流法）、辐射烘干（红外线、微波）等技术。

④ 沉淀、固化。对难以分离及烘干的含水率较高的膏状危险废物，可采用沉淀及固化技术，减少焚烧体积，增加燃烧值。理论上，沉淀技术主要通过添加药剂达到固液分离的效果；固化则是通过添加新物质使有毒化合物不再移动，在化学及力学方面更加稳定，处理无机/有机污泥及含重金属污泥效果更好。实际上，涂料渣等膏状废物虽然占可焚烧废物总量比例不高，但因其特殊的形态给进料造成了一定难度，较可行的方法是掺拌粉状料后用抓斗等固体废物进料通道直接进料，粉状料可以是熟石灰、干木屑或其他需焚烧粉体料，混合及贮存过程中需注意避免扬尘。

（2）液态废物的预处理

液态废物在焚烧单元的处理可分两种情况：一种是直接焚烧；另一种是转包装后焚烧。

对于以桶装为主要包装方式的废液，直接喷入焚烧炉处理，这种情况下废物的预处理主要需注意以下几点：

① 提前备料，重点需检查不同包装内废液的均一性，是否同种废物、有无分层、沉淀、挥发等异常情况，避免喷烧性质差异大的废液给焚烧工况造成大幅度波动或出现堵塞喷枪等工艺事故。

② 处理过程中注意进料速率及与其他形态废物进料量的配合，避免炉内温度大幅波动，首先应根据废物接收情况设置合理的贮罐，并配备必要的设施，进行有效的作业管控，转装的包装物容积不宜过大。

③ 贮存罐的设置应该遵循不同热值、不同腐蚀性的废液分别存放的原则，一般情况下应设置高热值、中热值、低热值及腐蚀性四类废液贮罐，以满足不同性质的液体暂存需求。

④ 配备过滤、伴热、吹堵、沉渣排放等必备的辅助设施。废液先经过滤以滤除杂质，提高废液热值，尽量使进炉废液热值均匀，并将低热值液体喷入回转窑，高热值液体喷入二燃室。并根据焚烧情况确定各种废液的输送时段和流量。

⑤ 不同液体贮存到同一贮罐时一定要注意它们的相容性，应逐包装进行相容性测试，避免废物发生发热、沉淀、产气等不相容反应。

7.1.3.3　进料方式

鉴于医疗废物的感染特性，应当避免医疗废物与其他类型废物的混合，以减少病原微生物的传播风险。在医疗废物和危险废物协同焚烧系统中，应当针对医疗废物单独的进料设备和进料口，针对危险废物的进料，需要根据危险废物的形态，将固体废物、半固体废物和液体废物以及包装物采用针对性的进料方式送入焚烧炉中。

医疗废物经周转箱输送，通过人工或自动上料系统，翻转箱体将医疗废物倒入进料斗，经过两级螺旋输送系统，稳定均匀地进入回转窑焚烧系统进行焚烧处置。

固态危险废物和半固态危险废物一般采用料坑＋抓斗方式进料。废物贮坑设置多个贮存区域，如待破碎废物暂存区、已破碎废物贮存区、进料废物贮存区（混合区）等。对于大块的固体危险废物，经提升机送至破碎机做破碎处理，破碎后的废物通过破碎机溜道进入已破碎废物贮存区暂存，不需要破碎预处理的废物通过抓斗进料。焚烧车间废物贮坑上方设置一台桥式抓斗起重机，废物抓斗起重机安装在废物贮坑上部的轨道上，由垃圾抓斗、卷起装置、行走装置、配电装置、称重装置以及相应的控制设备组成。垃圾抓斗通过横向、纵向移动可以顺利地到达废物贮坑的任意角落，通过多次抓起、落下，对贮坑内的固体、半固体废物进行充分混合，达到焚烧物料相对均匀的目的。物料在进料废物贮存区经过充分破碎、混合，再由抓斗以一定的进料速率投入进料口中，通过螺旋输送或推杆输送装置送入焚烧炉内燃烧。

对于桶装废物或小包装的固体废物，或一些易燃烧、易爆、毒性大的亟需尽快焚烧处理的危险废物，操作人员运用叉车辅助将废物放入小包装提升机内，由提升机提升至侧门迅速入炉焚烧。提升机除了完成上料功能以外，操作人员可以根据桶装废物上面的标示，将高热值、低热值、高氯、低氯等易引发工况波动的特殊废物交叉入炉，达到混合配伍的作用。当废物进料系统故障时，还可通过此提升机作为备用通道送入进料系统，确保系统的连续运行。

针对液态危险废物，上料方式包括可燃废液罐区泵送上料（废液喷枪进料）和临时废液上料（废液喷枪进料）。一般液态废物的进料方式以喷雾进料为主，通过雾化喷嘴将液态废物转化成细微雾滴，增加与空气接触的表面积。对于设置有废液贮罐的处置单位，可根据废液的特性进行分类贮存，通常将按照废液热值分为高热值废液贮罐、中热值废液贮罐和低热值废液贮罐，根据焚烧配伍的热值需求进行配比，通过罐区泵送系统送入焚烧炉内，通过废液喷枪喷洒进料焚烧，废液喷枪可设置在回转窑窑头和二燃室。对于贮存在吨桶中的临时废液，可经过滤处理后由吨桶注入废液喷枪送入焚烧系统。在输送管路方面，必须考虑废液的黏滞性、流动性、固体物含量，避免造成输送管路侵蚀、腐蚀、阻塞；若黏滞性太高，可通过升温降低黏滞性，若废液中含固体颗粒，最好在喷雾前过滤去除，以免阻塞喷嘴。

7.1.4　医疗废物与其他危险废物协同处置技术特点

医疗废物与其他危险废物协同处置技术在国际上已非常成熟，一方面，协同处置可以作为医疗废物的辅助处置方式；另一方面，也可利用某种废物热值的过剩或者有害成分上的余量来消纳另一种热值低或者有害成分超标的废物，达到经济、高效、安全焚烧处理的目的。以医疗废物和危险废物共处置为例，医疗废物本身不能调质、配伍，通过医疗废物和危险废物共处置可以调配热值、氯含量等参数，在总热负荷量不变的情况下可以保持热值和炉温相对稳定，缩小烟气污染物浓度波动范围，保证焚烧系统运营工况的稳定，降低辅助燃料和尾气药剂处理成本，保障烟气达标排放。

其优点可总结如下。

7.1.4.1　有益于调节焚烧工况，促进烟气达标排放

（1）调节进料氯含量

由于医疗废物一次性塑料制品较多，氯含量较高使燃烧后烟气成分中HCl浓度含量特别高（时值甚至高达 7000mg/Nm³）、同时灰尘颗粒小极易产生二噁英。在控制危险废物低氯含量（卤代物在 3% 以内）的情况下，进行医疗废物和危险废物共处置，可大大降低共处置时烟气中的 HCl 浓度，同时在其他条件相同的情况下可减少二噁英的生成概率，从源头上减少二噁英产生量，确保烟气通过尾气处理后达标排放，尤其是达到二噁英排放指标要求。

另外，由于 HCl 存在着高温和低温腐蚀区，特别是低温腐蚀段的腐蚀性非常强，烟气中 HCl 浓度的降低，可降低烟气对后续烟气处理设备的腐蚀，如引风机、湿式洗涤塔、烟囱、管道、仪表、在线监测仪器等，提高设备的使用寿命。

（2）减少进料中玻璃含量

医疗废物中玻璃含量比较高，一般为 10% ~ 15%，有的城市甚至高达30%，焚烧后的炉渣易产生结渣，导致出渣不顺畅、处理量减小，甚至必须靠人工清渣完全停炉。为了避免玻璃结渣影响焚烧厂的正常生产，可以采用共处置的办法。由于危险废物中玻璃含量很低，通过医疗废物和危险废物共处置可调配整体进料中玻璃进料量，可有利于回转窑出渣顺畅，缓解结渣问题，保证焚烧系统连续可靠地运行。

（3）调节进料热值

医疗废物热值高，批次物料热值波动较大，单独燃烧不利于焚烧工况控制，易造成回转窑温度在较大温度范围波动，不利于焚烧炉运行，合理搭配危险废物焚烧，有利于调节焚烧工况。相对于医疗废物，危险废物热值属于可控状态。所以，当医疗废物和危险废物共处置时，每批次根据热值合理配

比焚烧有利于焚烧工况控制。良好、稳定的工况对整个焚烧系统及后续的烟气处理都有很大的好处。

7.1.4.2 充分利用现有设施，提高设施设备的利用率

采用医疗废物焚烧处置线的余量负荷焚烧危险废物，有利于在一旦发生危险废物的突发事故或紧急状况时，可作为危险废物的应急处置设施。

但是医疗废物与危险废物的协同处置也有不利之处，共处置焚烧在排放标准上应执行共处置废物中更为严格的一类标准，如医疗废物和危险废物共处置焚烧产生的炉渣、飞灰应按照危险废物处置，造成作为危险废物处置的灰渣量大幅提升，在灰渣的安全管理上需要遵照更严格的路径，也会使医疗废物处置单位的运营管理成本有所增加。

7.2 医疗废物与生活垃圾协同处置

7.2.1 生活垃圾协同处置概述

生活垃圾处理主要包括填埋、堆肥、回收利用以及焚烧等方式，其中，垃圾焚烧由于减量化明显、余热可利用、处理时间短等优点，是解决"垃圾围城"的有效抓手；随着处理技术的进步、经济实力的提升和土地资源的制约，焚烧已成为未来垃圾处理的主要方式。2017 年，我国（设市城市与县城）已建成垃圾焚烧设施 352 座，设施占比 15.2%，总处理规模 331442t/d，占无害化处理设施能力的 37.4%；年焚烧垃圾 9321.5 万吨，占无害化处理总量的 34.3%。"十二五"以来，我国新增垃圾焚烧处理厂超过 500 座，城镇生活垃圾焚烧处理率超 50%，生活垃圾焚烧处理迅猛发展。2021 年，全国城市生活垃圾无害化处理量 2.5 亿吨，同比增长 5.9%；生活垃圾无害化处理率达 99.88%，比上年增加 0.14%；生活垃圾无害化日处理能力为 105.7 万吨，同比增长 9.7%，其中，焚烧处理能力占比为 68.1%。国家发展改革委印发《"十四五"城镇生活垃圾分类和处理设施发展规划》提出，到 2025 年年底，全国城镇生活垃圾焚烧日处理能力将达到 80 万吨左右，城市生活垃圾焚烧处

理能力占比 65% 左右。当前，随着我国垃圾分类政策的大力推进和稳步实施，生活垃圾焚烧仍将得到长足的发展。

由于生活垃圾焚烧炉处理规模大，焚烧过程和工艺与医疗废物主流的无害化焚烧法类似。因此，通过优化工艺流程，强化管理、卫生防疫要求和人员培训，使用生活垃圾焚烧设施协同处置医疗废物具有较好的可行性。特别是当出现重大公共卫生突发事件，本地区现有医疗废物处理能力已无法满足时，生活垃圾焚烧设施具备较好的兼顾处理医疗废物的潜力。

生活垃圾焚烧设施用于医疗废物处置，在其他国家已有成功的应用案例。世界卫生组织（WHO）《医疗废物安全管理手册》（第 2 版）提出感染性医疗废物和少量的药物性废物可以由生活垃圾焚烧炉处置。《巴塞尔公约生物医疗和卫生保健废物环境无害化管理技术准则》指出，感染性废物采用公认的方法消毒后，可按与生活垃圾处理相同的方法处置。挪威奥斯陆市克拉梅特斯鲁（Klemetsrud）生活垃圾焚烧厂利用机械炉排式焚烧炉处置感染性医疗废物，医疗废物掺烧比不超过生活垃圾的 5%。日本 2009 年 H1N1 新型流感病毒疫情防控期间发布《新流感废物管理措施指南》指出，如果担心感染性废物数量超过处置能力，可与市政当局等讨论市政垃圾焚烧设施接收的可能性。美国医疗机构产生的医疗废物一般在医疗机构进行消毒处理后，运至危险废物焚烧设施或者生活垃圾焚烧设施焚烧处置。

近年来，我国也在陆续开展医疗废物与生活垃圾协同处置的探索和实践。其中，上海市是国内较早利用生活垃圾焚烧设施应急处置医疗废物的城市，2013 年，上海市公布《生活垃圾焚烧大气污染物排放标准》（DB 31/768），规定了应急情况下利用生活垃圾焚烧设施处置医疗废物（化学性废物除外）的入炉要求；2014 ～ 2019 年，上海市通过生活垃圾焚烧设施应急处置医疗废物的量分别为 0.085 万吨、0.193 万吨、0.463 万吨、0.756 万吨、0.931 万吨、1.449 万吨。新冠肺炎疫情防控期间，由于医疗废物产生量剧增，多地的常规医疗废物集中处置设施能力远不能满足处置需求。在应急状态下，中国许多地区的生活垃圾焚烧处理厂也陆续开展协同处置部分医疗废物，例如，2020 年 2 月，武汉市城管委启动星火垃圾焚烧电厂和新沟垃圾焚烧电厂作为医疗废物协同处置场所，医疗废物的掺烧比例为 5%，二者总协同处置医疗废物能力为 100t/d。生活垃圾焚烧炉协同处置医疗废物的应急处置方式，为武汉市提供了 1/3 的医疗废物处置能力。广东省汕尾市按照 1% 的掺烧比例协同焚烧医疗废物，山东省东营市、福建省莆田市、广东省珠海市和湖北省仙桃市等地均将医疗废物的协同处置比例控制在 5% 以下，为疫情防控筑起了一道关键防线。

我国多项相关政策中对生活垃圾协同处置医疗废物做出了相应规定。《生活垃圾焚烧污染控制标准》规定：按照 HJ/T 276 要求进行破碎毁形和消毒处理并满足消毒效果检验指标的《医疗废物分类目录》中的感染性废物，可以直接进入生活垃圾焚烧炉进行焚烧处置。《医疗废物集中处置技术规范》中规定，重大传染病疫情防控期间，当医疗废物集中处置单位的处置能力无法满足疫情防控期间医疗废物处置要求时，经环保部门批准，可采用其他应急医疗废物处置设施，增加临时医疗废物处理能力。《国家危险废物名录（2025 年版）》明确规定：感染性废物、损伤性废物和病理性废物（人体器官除外），按照《医疗废物处理处置污染控制标准》（GB 39707—2020）以及《医疗废物高温蒸汽消毒集中处理工程技术规范》（HJ 276—2021）进行处理后，可以进入生活垃圾填埋场填埋或进入生活垃圾焚烧厂焚烧，对其运输过程和处置过程实施豁免管理。因此，在严格按照相关技术规范对医疗废物进行预处理后，这些类别的医疗废物可以进入生活垃圾焚烧厂协同焚烧处置，处置过程无需按照危险废物管理。

2020 年 1 月 28 日，生态环境部印发《新型冠状病毒感染的肺炎疫情医疗废物应急处置管理与技术指南（试行）》中指出，可移动式医疗废物处置设施、危险废物焚烧设施、生活垃圾焚烧设施、工业炉窑等纳入肺炎疫情医疗废物应急处置资源清单。2020 年 2 月 10 日，生态环境部固体废物与化学司印发《生活垃圾焚烧设施应急处置肺炎疫情医疗废物工作相关问题及解答》，明确指出使用生活垃圾焚烧设施（炉排型）应急处置医疗废物具有较好的可行性，为生活垃圾焚烧设施协同处置医疗废物提供了更有力的政策依据。

7.2.2　生活垃圾协同处置原理

垃圾焚烧技术是以燃烧为手段的垃圾处理方法，燃烧产生的热量用于发电或供热，燃烧后的剩余残渣进入填埋厂填埋或经过处理后进行制砖等综合利用，从而最大限度地做到了垃圾无害化、减量化、资源化处理。目前国内外应用较多、技术比较成熟的生活垃圾焚烧炉炉型主要有机械炉排炉、流化床焚烧炉、热解焚烧炉、回转窑焚烧炉四类，我国生活垃圾焚烧炉以机械炉排炉和流化床焚烧炉两种为主。

① 在生活垃圾焚烧设施工艺路线选择上，由于流化床焚烧炉要求入炉垃圾尺寸较小（硬质垃圾直径＜15cm，软质＜25cm），应急处置时感染性病毒扩散的风险大，因此流化床生活垃圾焚烧设施不适用于处置医疗废物，应优先选用炉排炉处置医疗废物，以充分保障医疗废物协同处置过程中的安全无害。《生活垃圾焚烧设施应急处置肺炎疫情医疗废物工作相关问题及解答》中也表明，应急处置医疗废物的生活垃圾焚烧设施，由县级以上地方人民政府组织卫生健康、生态环境、住房城乡建设等单位共同研究选定，炉排式生活垃圾焚烧炉可以用于应急处置肺炎疫情医疗废物，不宜采用流化床式焚烧炉。

机械炉排炉的焚烧过程采用层状燃烧技术，垃圾在炉排上通过预热干燥段、燃烧段和燃烬段三个区段。垃圾在炉排上着火，热量不仅来自上方的辐射和烟气的对流，还来自垃圾层的内部。炉排上已着火的垃圾通过炉排的特殊作用，使垃圾层强烈地翻动和搅动，引起垃圾底部的燃烧。连续地翻动和搅动，也使垃圾层松动，透气性加强，有利于垃圾的燃烧和燃烬。垃圾通过进料斗进入倾斜向下的炉排，由于炉排之间的交错运动，将垃圾向下方推动，使垃圾依次通过炉排上的各个区域（垃圾由一个区进入到另一区时，起到一个大翻身的作用），直至燃尽排出炉膛。燃烧空气从炉排下部进入并与垃圾混合，高温烟气通过锅炉的受热面产生热蒸汽，同时烟气也得到冷却，然后烟气经烟气处理装置处理后排出。相较于其他炉型，具有对垃圾的预处理要求不高、对垃圾热值适应范围广、运行及维护简便等突出优点，其单台最大处理规模可达1200t/d，技术成熟可靠，对于医疗废物的协同处置具有较好的适用性。

② 在技术可行性方面，根据《新型冠状病毒感染的肺炎诊疗方案（试行第五版）》（国卫办医函〔2020〕103号），新型冠状病毒对热敏感，56℃的温度30min可有效灭活病毒。根据《生活垃圾焚烧污染控制标准》、《医疗废物集中焚烧处置工程建设技术规范》和《医疗废物集中处置技术规范（试行）》，生活垃圾焚烧炉和医疗废物焚烧炉的主要技术要求相同，工况要求接近。生活垃圾焚烧炉炉膛内温度应≥850℃，生活垃圾在炉内的停留时间一般为1～1.5h（炉排炉），在该焚烧条件下新型冠状病毒完全能被灭活。

医疗废物焚烧炉与生活垃圾焚烧炉性能指标具体见表7-3。

表 7-3　医疗废物焚烧炉与生活垃圾焚烧炉性能指标

要求	医疗废物焚烧炉技术性能指标	生活垃圾焚烧炉技术性能指标
参照标准	《医疗废物处理处置污染控制标准》（GB 39707—2020）	《生活垃圾焚烧污染控制标准》（GB 18485—2014）
焚烧炉温度 /℃	≥ 850	≥ 850
烟气停留时间 /s	≥ 2	≥ 2
烟气一氧化碳浓度24h 均值 /（mg/m³）	≤ 80	≤ 80
烟气一氧化碳浓度1h 均值 /（mg/m³）	≤ 100	≤ 100
焚烧残渣的热酌减率 /%	< 5	≤ 5

③ 在烟气处置及达标排放方面，生活垃圾焚烧炉执行严格的污染物排放标准，可将焚烧过程中产生粉尘、飞灰、烟气等经过烟气净化装置去除，烟气中的粉尘、HCl、SO_2 等酸性气体以及二噁英、重金属、NO_x、CO 等有害气体的排放严格按照国家标准要求达标排放。满足《医疗废物焚烧炉技术要求》中"焚烧炉应具有完整的烟气净化装置。烟气净化装置应包括酸性气体去除装置、除尘装置以及二噁英控制装置"的相关要求。表 7-4 中展示了医疗废物焚烧炉和生活垃圾焚烧炉大气污染物排放限值，可以看出，生活垃圾焚烧设施对烟气污染物排放的控制要求基本不低于医疗废物焚烧设施，能够为协同焚烧过程的烟气达标排放提供保障。

因此，在控制掺烧比例且做好环保、卫生防护工作的前提下，利用生活垃圾焚烧设施处置医疗废物是可行的。

表 7-4　医疗废物焚烧炉与生活垃圾焚烧炉大气污染物排放指标

项目	污染物浓度 /（mg/m³）	
	医疗废物焚烧炉技术性能指标 [参照《医疗废物处理处置污染控制标准》（GB 39707—2020）]	生活垃圾焚烧炉技术性能指标 [参照《生活垃圾焚烧污染控制标准》（GB 18485—2014）]
颗粒物	30（1h），20（24h）	30（1h），20（24h）
一氧化碳（CO）	100（1h），80（24h）	100（1h），80（24h）

续表

项目	污染物浓度 / (mg/m³)	
	医疗废物焚烧炉技术性能指标［参照《医疗废物处理处置污染控制标准》(GB 39707—2020)］	生活垃圾焚烧炉技术性能指标［参照《生活垃圾焚烧污染控制标准》(GB 18485—2014)］
氮氧化物（NO$_x$）	300（1h），250（24h）	300（1h），250（24h）
二氧化硫（SO$_2$）	100（1h），80（24h）	100（1h），80（24h）
氟化氢（HF）	4.0（1h），2.0（24h）	—
氯化氢（HCl）	60（1h），50（24h）	60（1h），50（24h）
汞及其化合物（以 Hg 计）	0.05	0.05
铊及其化合物（以 Tl 计）	0.05	0.1
镉及其化合物（以 Cd 计）	0.05	
铅及其化合物（以 Pb 计）	0.5	
砷及其化合物（以 As 计）	0.5	1.0
铬及其化合物（以 Cr 计）	0.5	
锡、锑、铜、锰、镍、钴及其化合物（以 Sn+Sb+Cu+Mn+Ni+Co 计）	2.0	—
二噁英类 /（ng TEQ/m³）	0.5	0.1

7.2.3　生活垃圾协同处置工艺流程

医疗废物与生活垃圾协同处置的主要流程如图 7-3 所示，核心环节主要包括进料、焚烧、烟气处理等。

与单一进行生活垃圾焚烧工艺相比，医疗废物具有一定的有毒有害特性和较强的传染风险特性，同时医疗废物中如 Cl、S 等组分偏高，可能造成设备的腐蚀结焦和烟气排放异常；此外，医疗废物在来料和组成上通常波动较大、时间分布不均。基于这些因素，当应用生活垃圾焚烧设施进行协同焚烧时，在传统生活垃圾焚烧工艺的基础上需考虑适当的优化和调整，以保障人员、设备的安全和无害化处置要求。

（1）进料系统

为防范生活垃圾焚烧设施协同处置医疗废物过程的感染性风险，应做到如下几点：

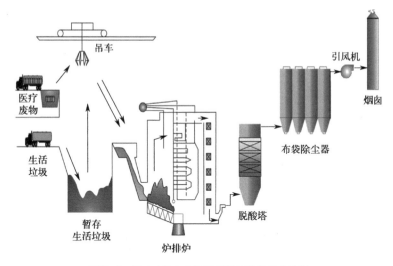

图 7-3　医疗废物与生活垃圾协同焚烧工艺流程

① 应该在源头对医疗废物进行分类，尽量不将感染风险极大的医疗废物送至生活垃圾焚烧厂，尽量仍由专业的医疗废物处置中心进行处置。

② 对于确实需要送往生活垃圾焚烧设施进行协同处置的，应强化包装，并在收集、运输、卸料等环节加强消毒工作。

③ 改进投加工艺，通过设立单独卸料口（如可通过检修电梯直接翻斗进料）、改用弯钩和网兜配套抓料（不用抓斗）、视频监控指导精细化投料、缩短在垃圾料坑停留时间等操作降低医疗废物包装破损可能性。

④ 对垃圾料坑严格实行"微负压"环境，提高现有垃圾贮坑的负压水平，保证负压 < -10Pa，确保贮坑内的废气全部进入焚烧炉，以保证即使包装破损感染性物质也不会释放到环境中。

⑤ 加强操作工人的卫生防护措施和培训，有条件时可以选调有医疗废物处置经验的专业人员参与处置。

生活垃圾进入生活垃圾焚烧厂一般直接进入卸料仓堆存发酵数日即可入炉焚烧。而医疗废物的处理对及时性有较高的要求，《医疗废物集中处置技术规范》中规定，"运抵处置场所的医疗废物尽可能做到随到随处置，在处置单位的暂时贮存时间最多不得超过 12h"。生活垃圾焚烧设施的上料一般是用抓斗将垃圾抓起投入焚烧炉。抓斗的操作在于效率，控制精细度不足会造成包装的破损，这一点在一般生活垃圾的处理过程中风险较低，但对于感染性较强的医疗废物而言包装破损就有可能造成二次污染。因此，生活垃圾焚烧处理设施在协同处理医疗废物的过程中需要对医疗废物来料及上料过程进行调整。

一般来说，医疗废物和生活垃圾分别需要两套贮存和进料系统，同时划定医疗废物进厂后的运输路线和暂存区域，有条件的地区可以安排医疗废物集中处置单位的专业人员负责或者在其指导下开展收集、包装、运输、卸料、投料工作，同时对生活垃圾焚烧设施增加独立上料装置。无独立上料装置的，尽量固定医疗废物卸料口。医疗废物卸入料坑前，可在垃圾料坑内提前铺设已发酵充分的垃圾作垫层。卸料后进入垃圾料坑的医疗废物应随卸随清，与其包装一同直接入炉，并建议通过视频监控等手段精细化操作抓斗、改用弯钩和网兜配套抓料，尽可能避免破损。医疗废物的投加率原则上应控制在生活垃圾 5% 以内，根据实际情况可适当调整。

（2）焚烧系统

医疗废物与生活垃圾相比，具有含水率更低，灰分更少，氯、硫等酸性物质含量高，碳、氮、氢元素含量高的特点，其焚烧热值比生活垃圾会高很多。尤其是疫情期间的医疗废物，多为使用后的一次性医疗器械（口罩、防护服、手套、注射器等），相对热值较高。而我国生活垃圾焚烧炉为了适应生活垃圾中厨余比例较大、含水率较高的特性，生活垃圾焚烧炉的设计热负荷相对较低。在协同处置医疗废物过程中，由于医疗废物收集运送到焚烧厂时间通常为某一固定时间段，而医疗废物不宜长时间贮存，按规定在进厂后就必须马上焚烧，这就直接导致热值在短时间内突然大幅度提高，易使炉内组件受到影响，并且可能导致锅炉瞬间超载，可能引起炉膛热负荷过高或燃烧炉渣热灼减率偏高。此外，医疗废物中有时因为含有酒精而特别容易被引燃，也可能造成料斗回火。为了减少这种超载现象，应做好生活垃圾与医疗废物的搭配焚烧，尽量使热值均匀稳定，这都意味着医疗废物在生活垃圾中的掺烧比例应受到限制。我国多座城市的协同处置实践表明，医疗废物与生活垃圾混合焚烧在控制掺烧比例的前提下，短期内使用对运营工况变化幅度不大，对设备设施的影响在可接受的范围内，烟气排放、污水排放、炉渣、飞灰等污染物排放要求能够满足标准要求。

焚烧操作过程中，应密切关注进料量与焚烧炉运行工况，给燃烧调整留有充足的余量；应密切关注烟气污染指标波动情况，发现异常波动时要及时相应调整进料量及相应进料比例、空气量、蒸发量和烟气净化系统参数，辅料投加量应高于设计值或环评值，保证烟气污染物达标排放，确保尾气处理系统正常运行。

运行过程中应保证严禁出现炉膛正压，检查一次风系统密封性，防止烟气、一次风泄漏外溢。焚烧炉运行工况应达到国家标准《生活垃圾焚烧污染控制标准》（GB 18485—2014）、《生活垃圾焚烧处理工程技术规范》（CJJ 90—2009）的要求。

应密切关注炉渣中未燃尽物质（主要从炉排间掉落）的情况，必要时应使用有效氯为 2000mg/L 的含氯消毒剂对渣坑内的炉渣进行喷洒消毒，并做好消毒记录。炉渣热灼减率应达到国家标准《生活垃圾焚烧污染控制标准》（GB 18485—2014）的要求。

焚烧飞灰和炉渣应按照国家标准《生活垃圾焚烧污染控制标准》（GB 18485—2014）的要求，分别收集、贮存、运输和处置。

（3）烟气处理系统

生活垃圾焚烧烟气中的污染物主要包括颗粒物、酸性气体（HCl、NO_x、SO_2、HF 等）、重金属和有机污染物，焚烧烟气治理措施是根据垃圾焚烧过程产生的污染物组成、浓度以及执行的排放标准来确定的。医疗废物的组分较为复杂，由于医疗废物中含有大量的塑料类制品，焚烧产生的氯、氢离子等大幅高于生活垃圾焚烧，可能会对设备材质造成影响，并增加了烟气处理的负荷，为了使排放烟气达标，在实际运行中会增加石灰的用量以吸收废气中酸性气体。

此外，因生活垃圾焚烧炉无烟气急冷措施，无法避免二噁英类物质在 180 ~ 550℃下二次合成，因此可能需要增加活性炭使用量，提高尾气处理能力，以确保烟气中二噁英类物质排放浓度达到《生活垃圾焚烧污染控制标准》（GB 18485—2014）中的要求（≤ 0.1ng TEQ/m^3）。在焚烧飞灰方面，因高氯的医疗废物掺烧会导致飞灰中的氯含量增加可能影响其后续处理。

（4）感染性风险防范

医疗废物在感染性和危害性方面与常规生活垃圾存在显著差异，且生活垃圾焚烧设施并非医疗废物专业处置设施，在人员意识、卫生防疫、环境管理等方面均存在短板。因此，在利用生活垃圾焚烧设施应急处置医疗废物时仍存在一定的环境与卫生防疫风险。例如，医疗废物从转运车辆和转运箱转移到焚烧设施进料工序过程需要人工装卸，在操作人员防护措施不到位的情况下，接触沾染病毒的包装箱或者包装破损泄漏，存在病毒感染风险。因此，为保障重大疫情期间医疗废物应急处置安全、稳定运行，全面降低卫生风险，在处置全过程应严格按照国家相关部门要求做好卫生消毒和防护措施，防止医疗废物感染风险扩散。

应注意采取预先消毒和强化包装的措施，建议对需要送生活垃圾焚烧设施应急处置的疫情医疗废物，在收集点由医疗机构采取消毒措施，并按照《医疗废物集中处置技术规范（试行）》的有关规定强化包装并密封后，再装入周转箱（桶）转运至生活垃圾焚烧设施。疫情医疗废物采用医疗废物专用运输车转运，并执行医疗废物专用转移联单。涉疫情的生活垃圾消毒后应选用密闭性能良好的环卫车辆运输。

操作人员必须穿戴防护服、护目镜、手套、口罩等防疫装备，及时消毒，定期测量体温，发现异常立即向疾控部门报告。应急处置医疗废物期间，应对医疗废物进入料坑的区域进行隔离，医疗废物进场道路、运输车辆、卸料区域和接触医疗废物的设备设施，应每日定期用消毒剂进行消毒处理。

考虑到抓斗抓料时可能出现包装破损、感染性物质泄漏的情况，应保证垃圾料坑持续处于微负压状态，抽取的空气直接送入焚烧炉处理。料坑渗滤液及医疗废物转运车辆、容器、车间清洗水尽量回喷炉内焚烧处理，不能回喷焚烧处理的应进行消毒处理，保障废水排放符合要求。

7.2.4 生活垃圾协同处置技术特点

① 在突发公共卫生安全事件期间，医疗废物的大量增加可能给城市医疗废物处置设施带来巨大冲击。而我国县级以上城市普遍建有生活垃圾焚烧处置设施，具有良好的协同处置硬件基础，能够有效缓解区域内医疗垃圾的无

害化、减量化处置需求和压力。

　　② 生活垃圾与医疗废物焚烧处置工艺具有一定的相似性，同时，我国生活垃圾焚烧处理设施执行严格的污染物（水、固、气）排放标准，在有效协同处置医疗废物的基础上，也可降低污染物排放造成的二次污染。在做好源头管控、卫生防疫、技术改造和全流程监管的前提下，利用生活垃圾焚烧设施协同处置医疗废物从技术和管理上是切实可行的。

　　③ 医疗废物的收集、贮存、运输、处理全链条的管理要求更高，难度更大。协同焚烧过程需要特别注意进料方式、掺烧比例、消毒防护等问题，同时密切监测烟气排放情况，确保达标排放。

　　④ 目前我国生活垃圾焚烧处理设施的运营负荷率已较高，部分设施长期超负荷运营。长期大量协同处置医疗废物会造成入厂生活垃圾得不到及时妥善处理，影响垃圾焚烧厂作为市政公用设施的运营质量和效率。

第 8 章 ▶ ▶ ▶ ▶ ▶ ▶ ▶

医疗废物信息化与
数字化管理

◀ ◀ ◀ ◀ ◀ ◀ ◀

▲ 信息化管理概述

▲ 传统医疗废物管理框架及其不足

▲ 医疗废物信息化管理常用方案

▲ 医疗废物全流程数字化平台

8.1　信息化管理概述

在建设"无废城市"的大背景下，城市医疗废物的收运处置管理受到越来越多的外界关注，如何更好地保障医废及时收运、安全处置是当前医废收运处置企业的首要任务。

近年来，我国已出台了一系列关于医疗废物管理的规定，对医疗废物交接登记、转移、处置等多个环节提出了严格要求，认定在废弃物管理环节中必须设置完整的管理系统，该系统内应包含收集和贮存、分类投放以及转运与交接功能。具体实践中，全过程主要包括科室、医院和处理公司三个交接主体。清洁人员集中收集医疗废物，并将这部分废物放置在暂存处，最终这些医疗废物会被周期性转向各个废物处理公司。但在传统医疗废物管理模式下，三个处理环节的质量并无法得到保证，能否确保操作的规范化与工作人员自身素养有密切关联。与此同时，随着社会医疗需求的增加，医疗废物的复杂性和体量也逐渐提高，这给其管理带来不小难度。再结合此前新冠肺炎疫情下医疗废物管理中暴露出的诸多问题，医疗废物管理亟须进一步改进与优化。

当前信息技术高速发展，数字化技术不断赋能传统领域，为解决传统医疗废物管理存在的弊端，对医疗废物进行全过程信息化管理是当前管理模式发展的必然趋势。2020 年 2 月 24 日，国家发展改革委、卫生健康委、生态环境部等十部门发布《医疗机构废弃物综合治理工作方案》，要求"通过规范分类和清晰流程，各医疗机构内形成分类投放、分类收集、分类贮存、分类交接、分类转运的废弃物管理系统。充分利用电子标签、二维码等信息化技术手段，对药品和医用耗材购入、使用和处置等环节进行精细化全程跟踪管理，鼓励医疗机构使用具有追溯功能的医疗用品、具有计数功能的可复用容器，确保医疗机构废弃物应分尽分和可追溯"。以大数据、信息技术作为基础，可建立医疗废物全过程管理平台，并通过电子标签、二维码等技术手段，实行阶段性、流程化、实时化的跟踪管理，达到精细化、针对化医疗废物跟踪管理的目的，从而进一步降低医疗废物安全风险。

8.2 传统医疗废物管理框架及其不足

8.2.1 医疗废物全生命流程

医疗废物管理的全生命流程如图 8-1 所示，主要包括收集、贮存、转运交接与最终处置。具体而言，各级医疗机构产生的医疗废物由各科室指派专业人员进行初步分类和暂存，科室需设置单独的医疗废物处置间，损伤性废物需单独放置在黄色利器盒之内，其他废物需包装好分类放置在医疗废物专用周转箱内，疫情期间特殊废物需单独标记；然后由医疗机构内部垃圾清运人员负责收集，并运送至医疗机构暂存间统一存放；而后装满医疗废物的周转箱由暂存间工作人员交给医疗废物专业运输车队人员，再由车队统一运输至本市医疗废物处置中心，规定要求在 48 h 内必须完成一次医疗废物清运；最后，医疗废物进行集中无害化处置，完成全生命流程。

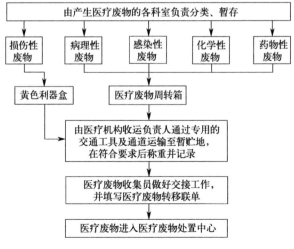

图 8-1 医疗废物全生命流程

8.2.2 医疗废物管理存在的问题

在相关法律法规方面，许多国家和地区对医疗废物的减量化、分类收集、贮存、运输和处置等各个方面、各个环节都有严格明确的规定。但与国外相比，中国在相关人员意识、信息化投入和监管体系方面还存在以下问题：

① 在收集、交接阶段，医疗废物数量仍靠人工计数，操作烦琐低效，且容易出现数错记错的情况。

② 在交接阶段，医疗机构与处置公司的重量数据并不统一，医疗废物存在流失的可能性。

③ 无法掌握实时数据。所统计数据存在一定的滞后性，现有数据体系无法支撑医疗废物管理决策的实时优化，例如每家医疗机构目前产生的医疗废物量、应该安排的车次和运输车辆的空闲容量等问题都无从知晓。

④ 溯源困难。医疗废物周转箱装车之后，无法精确查询每一箱医疗废物的流向，无法判断是哪家医疗机构产生的医疗废物，也无法给监管部门提供溯源管理数据。

⑤ 目前国内医疗废物监管主要由国家卫生健康委、生态环境部、环卫三个部门来共同完成，部门之间在各流程节点的分工仍不太明确，这间接导致我国医疗废物管理的发展较为缓慢。

8.3 医疗废物信息化管理常用方案

8.3.1 医疗废物信息化管理框架与功能

2020 年 4 月 30 日，国家发展改革委、卫生健康委、生态环境部研究制定了《医疗废物集中处置设施能力建设实施方案》，明确提出在 2021 年底前，建立全国医疗废物信息化管理平台，覆盖医疗机构、医疗废物集中贮存点和医疗废物集中处置单位，实现信息互通共享，及时掌握医疗废物产生量、集中处置量、集中处置设施工作负荷以及应急处置需求等信息，提高医疗废物处置现代化管理水平。

医疗废物管理信息化系统整合 RFID 技术、移动通信技术、数据库技术、网络技术，在医疗结构各科室、部门产生医疗废物周转箱上安装 RFID 电子标签，标签记录医疗废物的来源、特点、形成时间等信息，并通过手持扫描装置录入到系统数据库当中。医疗废物周转过程的状态信息也被更新至系统内，通过管理中心，可监控各项医疗废物的实时状态。信息化管理系统的具体运营流程为：首先，管理人员在医疗废物周转箱上粘贴统一制作的电子标签，作为该项医疗废物的身份标识；其次，医疗废物到达相应处理单位后，工作人员使用手持扫描设备读取各项资料废物信息，并在信息化系统内完成数据对比、分析和上传；再次，废物处理之前，再次扫描电子标签进行信息核对；最后，在系统终端可对各项医疗废物的状态做实时监督，并完成数据统计、报表输出等操作。

以上海市某医疗废物信息化管理体系为例（见图 8-2，书后另见彩图），在医疗废物收集端，所有医疗废物周转箱上都安装了身份识别芯片，从源头采集医疗废物箱的来源、重量、处置去向等信息，任何时候均可依据车、箱、医院等信息进行线索追查。收运端主要对车辆进行管理，每一辆医疗废物专用车辆上均配备了车载 GPS，通过采集车辆实时定位、驾驶员、车牌号等信息，结合车辆装载信息、天气情况、交通状况等数据，记录车辆轨迹，加强过程管理。当有突发极端天气时可以及时提醒驾驶员。

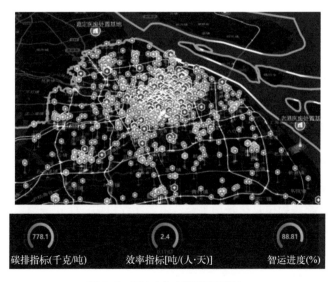

图 8-2　医疗废物全流程管理平台

如图 8-3 所示，针对不同车型建立不同的装载率模型，结合 PDA 及医疗废物箱 RFID 将车辆装载情况实时回传至调度中台，可实时优化车辆调度，提升医疗废物周转箱的装载率，可实时优化车辆调度方案，挖掘车辆装运潜能。

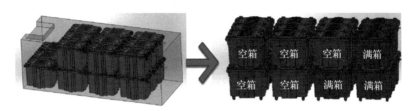

图 8-3　车厢装载率模型

基于医疗废物周转箱全生命周期追踪技术，通过"医废全流程服务数字化平台"的数据处理和智慧计算，可实现医疗废物的正向追踪和反向溯源，通过双向数字轨迹，精准掌握医疗废物从哪来、现在在哪里、到哪去处置。同时通过优化客户端服务，为新点位提供便捷的准入申报功能；产废点位通过库存照片或录入库存等方式提交预约服务，随后，客户可以通过客户界面实时了解收运派车和车辆动态；此外，通过点位的床位数、预估产废量、库存信息等，对爆仓状态进行分级预警，实现医院收运需求应急调度。

8.3.2　医疗废物的信息化收集

在医疗废物收集工作中，信息管理平台的核心功能主要为废物运输、收集，并实时记录各个环节的信息。医院具有一定信息安全特殊性的原因，没有和医疗废物处理公司共建管理平台。医疗废物收集系统的组成，主要包括有蓝牙打印机、二维条码以及智能称重回收车和手持 PDA 设备，在数据传输的过程中可通过利用条码、移动互联网等技术，通过这一举措达成科学收集医疗废物信息的目的。回收人员借助称重车内信息管理系统中的蓝牙秤、打印机等功能，按照预先规划好的收集时间分别进入各个医院科室内收集。在科室与回收人员交接的环节中，需要通过蓝牙感应技术，自动感应各个科室内的条码，通过这一感应流程，可以将医疗废物有关科室信息展现出来。在废物称重完成以后，应根据不同的废物类别选择与之相对应的打印信息，主要的医疗废物信息中涵盖回收人员、污物类别、医院、污物重量等多种信息。应通过绑箱绑定的方式来处理所有贴好条码的医疗废物袋。通过该举措，避免后续在出、入库或是转运环节中，废物出现遗失的问题。为了进一步优化管理、跟踪，因此选择围绕所有出现破损、遗失的废物做出详细记录、登记，并在该环节高效收集废物详细数据，并确认地点、时间等信息，以此来为后续医疗废物信息化工作开展提供帮助。

8.3.3　医疗废物的追踪与溯源

目前，国家鼓励采用三种信息化技术手段跟踪药品和医疗废物，分别为条形码、二维码、RFID，这三类技术各有优劣。

（1）条形码

条形码是将多个黑白相间、宽度不等的格子，按照既定编码规则排列，用来表示信息的图形标识符。条码可以表示物品的诸多数字信息，因而在各行各业及许多领域都得到广泛的使用。其优缺点如下：

① 条形码符号制作容易，扫描操作简单易行，但安全度过低；

② 条形码扫描录入信息的速度是普通计算机键盘录入的 20 倍，但可容纳的信息量较小；

③ 条形码扫描录入方式，误码率为百万分之一，首读率为 98%，但沾污后可读性极差；

④ 识别装置与条形码标签相对位置自由，但只在单一方向表达信息（一般为水平方向）；

⑤ 条码符号识别设备的结构简单易操作，操作人员无需专门训练。

与其他自动化技术相比，推广应用条码技术所需费用较低。例如，我国杭州市的医疗废物处置公司自 2012 年开始使用条形码技术，现今杭州市的智能医疗废物回收系统已趋近成熟，成为许多城市学习的榜样。但在杭州市的医疗废物处置工厂内堆放的周转箱中，大部分箱体出现条形码掉落、损坏等情况。目前普通条形码可容纳 10 万个编码，可维系杭州市医疗废物处置公司每三年进行一次医疗废物周转箱条码更新。

（2）二维码

二维码是用既定的几何图形在二维平面上，以黑白相间方式分布、记录数据符号信息的图形；在代码编制上利用构成计算机内部逻辑基础的比特流概念，运用多个与二进制相对应的几何方块来表示文字数值信息，通过专用设备自动识读以实现信息的自动化处理。其优缺点如下：

① 二维码采用了高密度编码，可以容纳普通条形码信息容量的几十倍；

② 二维码可以对图片、声音、文字、签字、指纹等数字化信息进行编码；

③ 二维码的译码误码率为千万分之一，遭遇穿孔、弯折、玷污后，可读性适中；

④ 和条形码相比，二维码可引入加密措施，更好地保护译码内容不被他人获得；

⑤ 在医疗废物处置方面，二维码是使用较多且成本较低的一种信息化手段。目前，贵阳、深圳、武汉等许多城市已经使用二维码技术完成医疗废物的收集运输。与条形码技术相比，二维码技术同样离不开人工扫码与录入。

（3）RFID

即无线射频识别技术，是自动识别技术的一种，运用无线射频方式进行非接触性的双向数据通信，以无线射频方式对记录媒体进行读写，从而达到识别目标和数据交换的目的。RFID 被认为是 21 世纪最具发展潜力的信息技术之一。其优缺点如下：

① 快捷性。RFID 可以实现医疗废物周转箱（桶）的自动识别和分配，相较二维码和条形码等方案，可以省去大量人工扫描识别环节，更加智能化；同时数据可实现电子化管理，实时上传至系统云平台，可随时追踪医疗废物处理动态，便于监管医疗废物的去向。

② 适用性和安全性。RFID 电子标签的适用性较高，随着物流行业的发展，RFID 电子标签发展迅速，现市面上有适用于各行各业的 RFID 电子标签，且

可根据不同的使用场景进行个性化定制；此外，设备故障率较低，识别响应时间快，可确保医疗废物收运环节的安全性和稳定性；同时可配置高性能的服务器，确保数据传输的及时性和数据安全性。

③ 管理提升。信息化是医疗废物管理工作质量的提升，RFID 技术又将医疗废物信息化升级，可实时监管医疗废物的产生、转运和处置，监控不合理及非法行为，可对应急事件进行及时调度和处理。

④ 功能扩展。基于 RFID 技术的医疗废物管理系统平台可提供丰富的数据接口，可根据政府部门的要求，将实时数据上传至省市（区、县）一级的监管平台。

自 RFID 技术在中国发展至今，已有多个行业陆续开展 RFID 技术研究及产品开发。目前，国内已具有了自主开发高频、低频、微波 RFID 的技术能力及系统集成能力。较为典型的是，中国铁路的车号自动识别系统建设推出了拥有完全自主知识产权的远距离自动识别系统。

8.4　医疗废物全流程数字化平台

8.4.1　医疗废物数字化平台功能

医疗废物数字化平台将有助于解决日常管理中的痛点和难点。以上海市为例，一是医疗废物产量高，上海医疗废物产量连续多年位居全国第一；二是产生医疗废物的点位分散，各区情况各异，中心城区与郊区的医疗机构密度相差近 80 倍；三是医疗废物产量波动巨大，尤其会受到季节和节假日的影响。如何在做好应收尽收的托底保障时兼顾企业经济高效运行是一大挑战。

面对管理中的痛难点，数字化转型工作紧紧围绕"收、运、处"三个业务核心点出发，提出了"一张作战图、一条管理线、全程可溯源、全域可应急"的数字化场景建设蓝图，以"以客户为中心，不断增强客户体验感"为理念，形成了拥有"全覆盖、全链条、全溯源、全管控"特色的应用场景（图8-4，书后另见彩图）。

图 8-4 平台首页

8.4.2 有效提升收运装载率

利用数字化工具，进一步挖掘车辆运输潜能，提升运输效率。将管理对象从医疗废物车细化到车厢内的一个个医疗废物周转箱，构建车厢内部的装载模型，借助物联网技术，实时掌握医疗废物箱的状态，进而掌握车辆的装载情况。通过数字化平台对装载率的考核，让每个车次尽可能满载，提升车辆运输能力（图 8-5）。

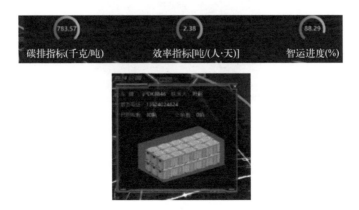

图 8-5 车辆装载模型示意

8.4.3　实现线路排班智能化

针对医疗机构点位分散问题，建立了科学的调度体系。结合上海市医疗废物处置基地布局、6000多家医疗机构的产废特点与位置分布，通过调度系统的智能算法，生成科学的线路排班。对各类车型进行合理搭配，对于部分城区采取"小车上门收，大车跑驳运"的策略，充分发挥"大车装得多，小车跑得快"的优势，并结合科学调度算法，将多个地理位置较近、产废量较少、使用同一箱型的点位合并为一车收运，优化后的线路排班数量减少了10%（图8-6，书后另见彩图）。

图8-6　收运线路优化方案

8.4.4　提炼数据模型新算法

依靠预测模型和更精准的数据采集突破医疗废物产量波动大的难题。通过十余年医疗废物收运的历史数据进行总结提炼，找准周期、季节的医疗废物产量变化规律，形成产废量的预测模型。在提高客户服务体验上，拟进一步开发医院产废量的自主申报小程序，更精准、更实时地采集源头产废数据。在拥有精准数据的基础上，结合科学调度体系，既做好托底保障工作，又兼顾医疗废物运营的经济性（图 8-7）。

图 8-7　某医院产废量预估

8.4.5　打造医废管理生态圈

在解决业务痛点的同时，通过数字化平台的建设，实现将现有的管理模式进行整合与再造，将全部业务流搬到线上，用数字化系统全面承托各个环节的日常业务开展，彻底打通不同环节间的数据流。为满足不同角色在不同场景下的使用需求，医疗废物数字化平台打造一个完整的医疗废物应用生态圈。以小程序、App、PC 端、网页端等多品类、多形式的应用，满足不同场景的使用。将客户与客服、收运与处置等多个环节、多个层级进行深度链接，实现一屏观、一网管，多端协同、实时共享。

① 在客户管理方面，建立和完善客户画像，更直观地了解客户的基本信息、需求、偏好、注意事项等。客户画像的建立是平台提供精细化、定制化服务的基础（图 8-8，书后另见彩图）。

图 8-8   客户画像

② 在收运管理方面，结合物联网技术和收运 App 的使用，实现精细化管理，做到对每一箱医疗废物的轨迹全程可追溯。

③ 在医疗废物处置方面，国内首创将 AGV、机械臂等技术应用于医疗废物上料，实现处置的智能化、无人化。结合数字孪生、三维感知等技术，实现处置状态的 100% 实时监管与数据互动（图 8-9）。

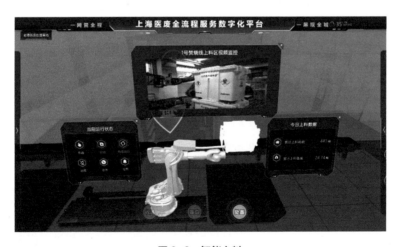

图 8-9   智能上料

8.4.6   数智助推管理再升级

场景的应用带来了多方面的成效，其中一个显著的方面就是管理水平的升级。

①　实现全业务链条的管控，将业务链路上的所有环节、全部管理对象均纳入管理范围，不留管理盲区。

②　通过对管理流程的优化与再造，依托即时信息同步共享，将原先结果管理转化为过程管理，实现不同环节之间的高效协同。

③　完善应急作战体系，提升响应速度与响应能力。

④　形成面向不同客户提供精细化、定制化服务的能力，提升客户满意度。

未来，上海市将持续推动医疗废物数字化转型，深化场景迭代：一是助推医疗废物管理模式改革创新，促进业务整合、赋能效能提升、管控安全生产、做好托底保障；二是做好医疗废物管理、数字化转型融合的标杆示范；三是输出国内领先的医疗废物数字化、标准化管理模式，打造城市数字化名片，实现数字化之都。

第 9 章 ▶ ▶ ▶ ▶ ▶ ▶

医疗废物处理处置及
智能化管理典型案例分析

◀ ◀ ◀ ◀ ◀ ◀

▲ 小型医疗机构模式

▲ 医院医疗废物收运模式

▲ 医疗废物信息化与智能化管理模式

目前，国内医疗废物处理技术体系基本成熟，近年来针对医疗废物处理的研究方向主要集中在医疗废物管理网络优化、预测决策模型开发、环境影响、公共环境职业卫生等方面。随着新《固体废物污染环境防治法》的出台，中国已初步形成医疗废物管理的法律法规体系，但是在医疗废物处理体系建设上仍然存在一些不足，包括医疗废物处理设施布局不合理，设施应急能力不足，信息化管理水平有限，针对未受污染的输液袋等非医疗废物的资源化程度低等。

针对上述问题，国家各部委近年来颁布了多项政策，特别是 2020 年新冠肺炎疫情发生以后，国家发改委、卫生健康委和生态环境部于 2020 年 4 月 30 日下发了《医疗废物集中处置设施能力建设实施方案》（以下简称《方案》），提出优化医疗废物处置设施布局，推动大城市医疗废物设施应急备用能力建设，推进现有设施扩能提质，补齐处理设施缺口，健全医疗废物收运处置体系和建立医废信息化管理平台的要求。《方案》要求 2020 年底前每个地级以上城市至少建成 1 个符合运行要求的医疗废物集中处置设施，同时有条件的地区要利用现有危险废物焚烧炉、生活垃圾焚烧炉、水泥窑补足医疗废物应急处置能力短板。

在此政策背景下，全国各地针对医疗废物处置体系建设进行了一系列实践工作，现将部分实践经验分享如下。

9.1　小型医疗机构模式

9.1.1　小型医疗机构收运难题

（1）小型医疗机构的界定

本课题研究的小型医疗机构，主要是指床位总数在 19 张床以下（含 19

张）的医疗机构及相关单位。按照中国统计年鉴的统计分类，小型医疗机构主要包括社区卫生服务中心、社区卫生服务站、乡镇卫生院、村卫生室、门诊部（所）以及卫生所、医务室、护理站等基层医疗卫生机构。此外，还包括部分大专院校、科研院所的实验室等相关单位。随着我国医疗卫生事业的发展和医疗卫生领域基本公共服务均等化的加快实施，基层医疗卫生机构内部结构优化的同时，数量增长也非常可观。中国统计年鉴数据显示，2010～2021年期间我国基层医疗卫生机构合计数量平均每年增长7000家左右。其中，门诊部（所）数量增长最快，全国年均增长5%左右。上海市门诊部（所）数量在2010年有1437家，到2021年则迅增长到3350家，数量翻了一番。此外，上海社区卫生服务中心（站）的数量也增加了20%，全市在2021年达到1159家。

（2）小型医疗机构医疗废物收运要求

目前现行的《医疗废物管理条例》相关规定，主要是基于大中型医疗机构医疗废物日产量高、医疗废物种类全且危险性大、长期堆积易造成传染源扩散的特点，而未充分考虑小型医疗机构医废日产量小、种类有限、扩散风险低、收运一次成本高等实际情况。《医疗废物管理条例》提出的"医疗废物集中处置单位应当至少每2天到医疗卫生机构收集、运送一次医疗废物，并负责医疗废物的贮存、处置"这一要求，不仅仅是针对医院等大中型医疗卫生机构，小型医疗卫生机构也应做到48h内医疗废物应收尽收。但实际上，医疗废物行业的产业链长、涉及地域面积大、监管环节多，小型医疗机构的及时转运率、平均收运间隔时间、运送方式、运送工具等远达不到法定要求。并且，随着疫情常态化防控对医疗废物收运要求的不断提高，为减小医疗废物存放时间较长带来的健康安全风险，小型医疗机构医疗废物收运频次长期达不到法定48h要求的问题亟待解决。

（3）小型医疗机构医疗废物收运难点

1）小型医疗机构数量多、产废量少

小型医疗机构虽数量众多，但每家每日医疗废物产生量都很小，医疗废物总量占全部医疗机构医疗废物总量的比例也很小。中国统计年鉴数据显示，我国各种基层医疗卫生机构（小型医疗机构的主体）数量众多，2021年全国

约有 97 万家，约占全国医疗机构总数的 95%。该比率在不同地区存在差异但普遍较高，在 80% ～ 98% 之间。内部数据显示，2021 年，上海市签约小型医疗机构（定额收费）全年约产生 4637t 医疗废物，仅占当年全市常规医疗废物总量的 7%。平均每家小型医疗机构每日医疗废物产生量为 3 ～ 4 kg，相比社区卫生服务中心、一级及以上医院，单位产生量明显较小。

2）小型医疗机构医废收运受交通限制影响较大

目前，上海市的小型医疗机构遍布在城区各处，周边道路狭小且多为禁行禁停区域，且多数医疗机构没有内部道路或内部道路狭小无停车区域，更遑论上下班高峰期。此外，城区内多为货车禁行道路，医疗废物收运车辆遇到禁行路段需绕行。诸多因素导致城区内医疗废物收运时间长、收运效率低下，小型医疗机构长期面临医疗废物收运频次低，难以满足每 48h 收运一次的法律规定。

（4）监管要求新变化

近年来全社会公共卫生安全意识不断提高，国家进一步加强医疗废物管理工作，对基层医疗卫生机构医疗废物管理越来越重视并逐步规范。与此同时，针对小型医疗机构的特点修改完善了相关监管要求。《国家危险废物名录（2016 年版）》危险废物豁免管理清单中提出，19 张床以下（含 19 张）的医疗卫生机构上送医疗废物时，其收集过程不按危险废物管理。2017 年，国家卫生计生委办公厅等五部门联合印发《关于进一步规范医疗废物管理工作的通知》（国卫办医发〔2017〕32 号），要求进一步加强基层医疗卫生机构医疗废物管理，并提出"探索基层医疗卫生机构医疗废物集中上送至上级医疗卫生机构统一处置的管理模式，或就近运送到持有危险废物经营许可证的医疗废物集中处置单位进行统一处置"。

《国家危险废物名录（2025 年版）》，进一步补充完善了危险废物豁免管理清单：收集环节，在符合"按《医疗卫生机构医疗废物管理办法》等规定进行消毒和收集"的豁免条件后，其收集过程可不按危险废物管理；运输环节，"转运车辆符合《医疗废物转运车技术要求（试行）》（GB 19217）要求"（豁免条件），可不按危险废物进行运输。我国对医疗废物管理的逐步规范和相关管理制度的健全完善，为各地落实小型医疗机构 48h 收运全覆盖提供了政策依据，推动了小型医疗机构医废收运模式在实践中的创新。

9.1.2 北京小型医疗机构医废收运模式

根据对北京有关主管部门的调研，北京市小型医疗机构医疗废物收运，目前各区在实际执行中主要有以下 3 种模式。

（1）区政府兜底模式

区政府采购医疗废物专用车辆，委托卫健部门下属事业单位或环卫中心，负责收集区域内小型机构医疗废物，集中运送到县城指定的大医院，再由医疗废物收运或处置单位直接收运。区政府对负责收运的事业单位给予经费支持。这类事业单位都有自己既定的职能，例如环卫中心主要负责区域内生活垃圾的收运。事业单位每年做预算时，在主要职能经费预算之外额外再增加一部分经费预算，专门用于小型机构医废的收运工作。此种模式的实质，也是在政府定价之外，为解决小型机构收运的实际难题而采取的额外政府财政经费支持。

（2）以盈补亏模式

区政府委托一家医疗废物收运单位，负责全区所有医疗机构的医疗废物收运工作，包括大型公立医院，也包括社区卫生中心、社区服务站、小诊所等小型医疗机构。根据前述，大型医疗机构例如公立医院产废量大，实际成本往往低于 3000 元 /t 最高限价，而小型机构实际收运成本则较高。委托一家收运机构承包全区大小医疗机构医疗废物收运，通过"肥瘦搭配"、以盈补亏，整体性解决全区医疗机构的医疗废物收运问题。这与目前上海全市的做法基本类似。但是北京市采取这种以盈补亏模式的区往往较小，小型机构也多集中在老县城。此外，近年来这种以盈补亏模式也面临"补"不起的困境，区政府也会采取适当形式另外补一部分。这些区曾经测算下来，即便采取"肥瘦搭配"，平均每吨收运处置费用合计成本也达到万元左右；若剔除大医院的收费补亏，纯粹小型机构的实际收运成本则更高。

（3）小箱进大箱模式（自行上送）

这是北京市目前主推的模式，以中心城区居多。北京市小型机构医疗废物收运难题以往主要在郊区，尤其是门头沟等西部山区矛盾较为突出，但是中心城区也存在价格和成本倒挂的情况。目前较为普遍的做法是要求社区服务站等基层小型机构，上送到社区卫生中心或大医院的贮存点。2019 年 8 月 21 日，北京市健康委员会发布《北京市卫生健康委员会关于进一步明确医疗废物监管工作责任的通知》。其中明确，"积极推动小远散医疗机构废物相对集中处置。借鉴医疗废物'小箱进大箱'的工作经验，认真研究解决小型医疗卫生机构医疗废物贮存时间过长问题"。小箱进大箱模式具体做法：小型医疗机构将每日产生的医疗废物就近转移至大型医疗卫生机构、乡镇卫生院、社区卫生服务中心等医废中转站，中转站在确保安全的基础上接收并临时贮存，之后由医疗废物收运处置企业统一对各中转站医疗废物进行转运和处置工作。小箱进大箱模式按照"就近集中、转运收集"的原则，构建以医疗废物收运处置企业为顶层，中转站作枢纽，小型医疗机构为网底的"网格管理、分级负责、全面覆盖"三级联动体系，确保医疗废物集中收运处置覆盖率达 100%。

9.1.3　上海市小型机构收运模式探索

与全国其他城市一样，各级各类医疗机构集聚的上海也面临小型医疗机构医疗废物收运的难题，在实践中也在不断探索尝试较为行之有效的做法。上海市在探索小型医疗卫生机构医废收运模式创新过程中，先后经历了以下试点尝试。

（1）静安试点

2014 年前后，静安区就开始尝试小微医疗机构医疗废物收运新模式的试点探索。当时由静安区卫生协会组织，用三轮车上门收集区域内小型医疗机构的医疗废物，并转送到社区卫生服务中心或大医院贮存。静安区当年的做法与后续黄浦模式较为相似。但是由于当时医疗废物管理政策法规尚未进一步细化完善，静安区的试点没能继续下去。

（2）虹口试点

2018 年，虹口区环保局、区卫生健康委、卫监所、交警支队和固体废物处理处置公司等多个部门及单位联合，通过在医疗机构医疗废物暂存点就近道路上，设立标识牌供转运车辆短暂停留，解决了虹口区内医疗废物收运车辆停车难的问题。在该模式下，小型医疗机构的医疗废物收运主体仍为固体废物处理处置公司，主要是解决了小型医疗机构医疗废物收运的交通管制难题。

（3）黄浦试点

在前两次探索的基础上，2018年下半年，黄浦区生态环境局牵头协同其他相关部门开展了医疗废物收运情况的调研和摸排工作，研究制定出"1+N+X"医疗废物收运"最后一公里"的黄浦新模式。通过设立医疗废物集中收集点，再安排第三方收运服务单位负责从小型医疗机构到集中收集点的运送工作，正式打通了小型医疗机构医疗废物收运的"最后一公里"。

（4）嘉定试点

在黄浦区成功实践基础上，嘉定区利用固体废物处理处置公司集中处置设施位于嘉定朱桥的区位优势，由区第三方收集主体将小型医疗机构的医疗废物收集后直接送至朱桥处置基地。《关于进一步规范医疗废物管理工作的通知》中提到，"探索基层医疗卫生机构医疗废物集中上送至上级医疗卫生机构统一处置的管理模式，或就近运送到持有危险废物经营许可证的医疗废物集中处置单位进行统一处置"。由此可见，嘉定区试点属于特例，是上述文件鼓励探索的第二种情况。

9.2 医院医疗废物收运模式

凡以"医院"命名的医疗机构，住院床位总数应在20张以上。与小型医疗机构不同，医院医疗废物产生量相对较大，通常有专门的医疗废物处置单位定时进行收集和转运。

上海市医疗废物处理环境污染防治规定：医疗废物集中处置单位应当定期到医疗废物产生单位设置的临时贮存点收运医疗废物。其中，一级以上医疗卫生机构设置的临时贮存点，医疗废物集中处置单位应当至少每24h收集一次；其他医疗废物产生单位设置的临时贮存点，医疗废物集中处置单位应当至少每48h收集一次。

医疗废物集中处置单位不按时收集医疗废物的，医疗废物产生单位应当向市环保局或者区、县环保部门报告。

在发生突发性公共卫生事件等特殊情况下，医疗废物产生单位按照规定设置的临时贮存点不足以容纳产生的医疗废物的，医疗废物产生单位应当及时通知医疗废物集中处置单位收运，集中处置单位应当增加收运车次，保证医疗废物的及时收运。

医疗废物产生单位向集中处置单位转移医疗废物时，应当按照国家和本市有关规定填写转移联单。

集中处置单位在接收医疗废物时，应当对医疗废物的包装和标识进行检查，并对照转移联单对所接收医疗废物进行复核。

经检查与复核，包装、标识符合规定且接收的医疗废物与转移联单所载事项相符的，医疗废物产生单位和集中处置单位应当在转移联单上签字。发现包装、标识不符合规定或者接收的医疗废物与转移联单所载事项不符的，集中处置单位应当要求医疗废物产生单位及时更正，拒不更正的应当向所在地区、县环保部门报告，区、县环保部门应当立即予以处理。

9.3　医疗废物信息化与智能化管理模式

以上海市某医疗废物焚烧处理工程为例，详细介绍焚烧系统的工艺流程和智慧焚烧以及绿色低碳的关键技术。以医疗废物全流程数字化、服务平台数智化为手段，探讨了医疗废物处置过程中的智慧收运、AGV 自动进料、清洁焚烧、烟气超净排放、减污降碳等关键技术，为医疗废物焚烧项目的建设提供借鉴与参考。

9.3.1　医疗废物焚烧工艺技术路线

医疗废物焚烧的工艺技术路线（图 9-1）采用"AGV 医疗废物进料 + 危险废物进料系统 + 二燃室 + 余热锅炉 +SNCR 脱硝 + 换热器 + 急冷半干脱酸塔 + 两级干法脱酸 + 活性炭喷射装置 + 双布袋除尘器 + 活性炭固定床 + 中和洗涤塔 + 白雾去除装置"的组合工艺。

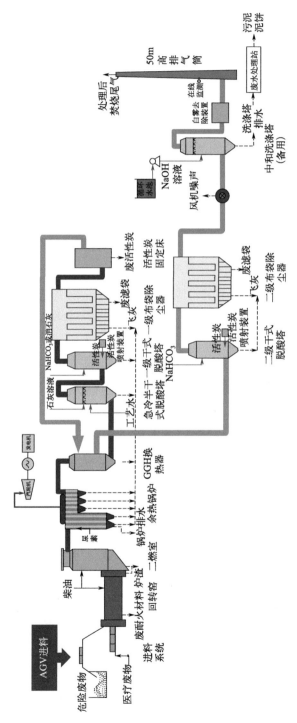

图 9-1 医疗废物焚烧生产线工艺流程

9.3.2　医疗废物智慧焚烧关键技术

医疗废物智慧焚烧处置技术基于传统回转窑焚烧技术，采用数智赋能和集成创新，开发了回转窑摇摆技术，通过与危险废物耦合配伍及烟气浓度、温度等自动化联锁控制，保障医疗废物焚毁去除率 ≥ 99.99%，残渣热灼减率 ＜ 5%，烟气稳定实现超低排放，实现医疗废物的减量化、无害化。

（1）医疗废物全流程数字化智能管控平台

聚焦医疗废物全过程监管，紧紧围绕医疗废物"收—运—处"的核心业务，提出了"一张作战图、一条管理线、全程可溯源、全域可应急"的数字化场景，运用周转箱 RFID 电子芯片、GPS 车辆定位、周转箱装载率、智能调度等智能算法等技术，结合物联网技术，开发了医疗废物周转箱和医废收运车辆全生命周期追踪技术。构建完成了国内首例医疗废物从收运到处置的全流程可视化、智能化、无人化的风险管控平台，如图 9-2 所示（书后另见彩图），通过该数字化平台建设，客户服务能效提升 20%，应急事件响应时间 ＜ 2h，整体收运效能提升 10%，实现医疗废物全局的精细化调度与降本增效。

(a)PDA扫码RFID电子芯片

(b)医疗废物追踪溯源

图 9-2　医疗废物全流程数字化智能管控平台

（2）智能化 AGV+ 机械臂机器人医疗废物自动进料装备

国内首次将自动激光导航叉车（AGV 机器人）+机械臂技术应用于医疗废物领域的双层 550L 周转箱输运，开发实现了对医疗废物周转箱无人值守式的自动搬运、开盖、倒料、清洗消毒等多个工序，代替人工进行上料及暂存的转运，提升效率、减小劳动强度。AGV 无人机器人如图 9-3（a）所示，其上料系统实现了厂内医疗废物转运的自动化、无人化、零接触。医疗废物上料机械臂如图 9-3（b）所示，能够实现更大角度的翻转，将箱内医疗废物完全倒出。将全自动三维旋转清洗喷头应用于医疗废物周转箱的清洗，确保清洗效果无残留、无死角、高效率和节水功能。

(a)AGV机器人

(b)医疗废物上料机械臂

图 9-3　智能化 AGV + 机械臂机器人医疗废物自动进料装备

（3）医疗废物清洁焚烧与耦合焚烧关键技术和装备

1）防结渣回转窑摇摆专用技术

国内首创研发了医疗废物回转窑熔渣专用摇摆技术，如图 9-4 所示，回转窑通过正反向转动控制转窑的摇摆角度，解决医疗废物在回转窑焚烧处置过程中出现的玻璃结渣问题，使得废物能在摇摆作用下被均匀散料达到完全燃烧，提高窑尾温度至 1200℃左右对大块熔渣进行高温熔化，使流态熔渣连续流入底部出渣口，实现清除熔渣的功能，减缓耐材损毁速率。降低焚烧残渣的热灼减率，确保炉内稳定的燃烧工况和二噁英的达标排放。该技术可实现连续出渣，焚烧线连续稳定运行＞ 330d，热灼减率＜ 5%。

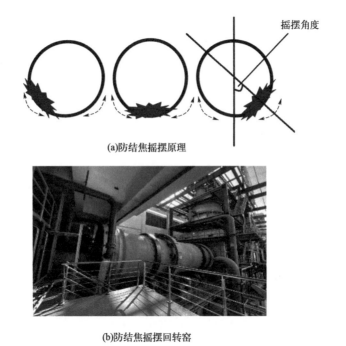

(a)防结焦摇摆原理

(b)防结焦摇摆回转窑

图 9-4 防结渣回转窑摇摆专用技术

2）耐腐蚀、长寿命的医疗废物焚烧专用耐火材料开发

国内首次应用适用性更强的长寿命、耐低熔点盐、耐结焦性的耐火材料。开发一种特种刚玉砖作为防结渣专用复合型耐火材料，特种刚玉砖的主要成分是 Al_2O_3 和合金，与传统的双层耐火砖相比，具有耐腐蚀、耐 7400℃高温、高耐压强度、高耐磨性、高抗渣性、热震稳定性优良、抗剥落性优良和使用寿命长（可达到 1.5 年）等突出优点。

新型刚玉砖主要技术参数如表 9-1 所列。

表9-1　新型刚玉复合砖性能参数

检测项目	检测条件	检测结果		检测依据
		单值	平均值	
体积密度 /（g/cm³）	—	3.10，3.16，3.16	3.14	GB/T 2997—2015
常温耐压强度 /MPa	—	148，165，126	146	GB/T 5027—2008（方法1）
抗热震性/次	950℃水冷	＞30，＞30，＞30	＞30	DIN 51068—2008 1300℃×2h
加热永久线变化 /%	1300℃×2h	+0.0，+0.0	+0.0	GB/T 5988—2007
抗渣性	1700℃×3h	0.0	0	GB/T 8913—2007 方法一
荷重软化温度 T0.6/℃	0.2MPa 荷重	＞1700		YB/T 370—2016
Fe_2O_3/%	—	0.21		
SiO_2/%	—	8.84		GB/T 21114—2019
Al_2O_3/%	—	85.06		
Cr_2O_3/%	—	3～5		

9.3.3　医疗废物绿色低碳关键技术研究与应用

（1）烟气超净排放的减污降碳技术

针对医疗废物焚烧烟气中 HCl 浓度高且波动大的特点，国内率先在医疗废物和危险废物焚烧项目中采用高速旋转雾化器（SDA）的半干法系统和碳酸氢钠二级干法＋二级布袋系统，设置烟气加热器，控制脱酸工艺均处于最佳运行温度，提高系统的净化效率，大幅度提高干法系统应对酸性气体浓度波动的效果；针对二噁英采用"活性炭喷射＋活性炭固定床＋催化布袋"的组合工艺，确保采用组合烟气净化工艺，烟气净化系统经过 2 年多的运行后，对医疗废物焚烧烟气中高浓度的 HCl 进行净化达标具有显著效果，烟气排放性能验收测试值见表 9-2，脱酸去除率约 99.9%，二噁英折算浓度约 0.0057 ng TEQ/m³，二噁英浓度远低于欧盟 2010 排放标准限值。

表 9-2　烟气排放性能验收测试值

项目	燃烧效率	HCl去除效率	粉尘去除效率	POHCS（萘）焚毁去除率	POHCS（四氯乙烯）焚毁去除率	重金属去除效率（Hg汞）	重金属去除效率（Pb铅）	重金属去除效率（Cu铜）
效率/%	99.9	99.9～100	99.5	99.9	99.9	99.8～99.9	99.8～100	99.7～100

（2）余热发电＋光伏发电组合的低碳新能源利用技术

医疗废物焚烧行业中首次在处置端引入光伏发电和汽轮发电技术，积极发展绿电。首次在医疗废物处置领域中，通过高温烟气进入锅炉利用余热加热产生蒸汽供装机功率 6MW 抽气凝汽式汽轮发电机组发电，汽轮发电系统主蒸汽压力 2.35MPa，温度 350℃，2022 年全年焚烧可发电约 $3×10^7$kW·h。单吨医疗废物焚烧发电量 450kW·h，单吨医疗废物焚烧发电量远高于同行业其他企业的发电量，可实现自发自用，余电上网，同时建设 629 kW 屋顶光伏和能源管理系统，年发电量约 $6.3×10^5$kW·h。供厂区自用，减少能耗碳排，响应绿色低碳发展战略，实现资源高效利用。

根据国家能源局发布 2022 年全国电力工业统计数据，按照全国供电煤耗率 303.4g/（kW·h）计算，通过医疗废低碳智慧焚烧处置物技术发电上网，每年相当于节约 10000t 标准煤，平均每吨医疗废物减少 0.18t 二氧化碳排放。

附录 ▶ ▶ ▶ ▶ ▶ ▶ ▶

附录1

《医疗废物处理处置污染控制标准》（GB 39707—2020）

1 适用范围

本标准规定了医疗废物处理处置设施的选址、运行、监测和废物接收、贮存及处理处置过程的生态环境保护要求，以及实施与监督等内容。

本标准适用于现有医疗废物处理处置设施的污染控制和环境管理，以及新建医疗废物处理处置设施建设项目的环境影响评价、医疗废物处理处置设施的设计与施工、竣工验收、排污许可管理及建成后运行过程中的污染控制和环境管理。

本标准不适用于协同处置医疗废物的处理处置设施。

2 规范性引用文件

下列文件对于本标准的应用是必不可少的。凡是注日期的引用文件，仅注日期的版本适用于本标准。凡是不注日期的引用文件，其最新版本（包括所有的修改单）适用于本标准。

GB 12348　工业企业厂界环境噪声排放标准

GB 14554　恶臭污染物排放标准

GB 16297　大气污染物综合排放标准

GB 16889　生活垃圾填埋场污染控制标准

GB 18466　医疗机构水污染物排放标准

GB 18484　危险废物焚烧污染控制标准

GB 18485　　　生活垃圾焚烧污染控制标准

GB 18597　　　危险废物贮存污染控制标准

GB 19217　　　医疗废物转运车技术要求（试行）

GB 30485　　　水泥窑协同处置固体废物污染控制标准

GB 37822　　　挥发性有机物无组织排放控制标准

GB/T 16157　　固定污染源排气中颗粒物测定与气态污染物采样方法

HJ/T 20　　　　工业固体废物采样制样技术规范

HJ/T 27　　　　固定污染源排气中氯化氢的测定 硫氰酸汞分光光度法

HJ/T 42　　　　固定污染源排气中氮氧化物的测定 紫外分光光度法

HJ/T 43　　　　固定污染源排气中氮氧化物的测定 盐酸萘乙二胺分光光度法

HJ/T 44　　　　固定污染源排气中一氧化碳的测定 非色散红外吸收法

HJ/T 55　　　　大气污染物无组织排放监测技术导则

HJ/T 56　　　　固定污染源排气中二氧化硫的测定 碘量法

HJ 57　　　　　固定污染源废气 二氧化硫的测定 定电位电解法

HJ/T 63.1　　　大气固定污染源 镍的测定 火焰原子吸收分光光度法

HJ/T 63.2　　　大气固定污染源 镍的测定 石墨炉原子吸收分光光度法

HJ/T 63.3　　　大气固定污染源 镍的测定 丁二酮肟 - 正丁醇萃取分光光度法

HJ/T 64.1　　　大气固定污染源 镉的测定 火焰原子吸收分光光度法

HJ/T 64.2　　　大气固定污染源 镉的测定 石墨炉原子吸收分光光度法

HJ/T 64.3　　　大气固定污染源 镉的测定 对 - 偶氮苯重氮氨基偶氮苯磺酸分光光度法

HJ/T 65　　　　大气固定污染源 锡的测定 石墨炉原子吸收分光光度法

HJ 75　　　　　固定污染源废气（SO_2、NO_x、颗粒物）排放连续监测技术规范

HJ 77.2　　　　环境空气和废气 二噁英类的测定 同位素稀释高分辨气相色谱 - 高分辨质谱法

HJ 91.1　　　　污水监测技术规范

HJ 212　　　　　污染物在线监控（监测）系统数据传输标准

HJ/T 365　　　　危险废物（含医疗废物）焚烧处置设施二噁英排放监测技

术规范

HJ/T 397　　　固定源废气监测技术规范

HJ 421　　　医疗废物专用包装袋、容器和警示标志标准

HJ 540　　　固定污染源废气 砷的测定 二乙基二硫代氨基甲酸银分光
光度法

HJ 543　　　固定污染源废气 汞的测定 冷原子吸收分光光度法（暂行）

HJ 548　　　固定污染源废气 氯化氢的测定 硝酸银容量法

HJ 549　　　环境空气和废气 氯化氢的测定 离子色谱法

HJ 561　　　危险废物（含医疗废物）焚烧处置设施性能测试技术规范

HJ 604　　　环境空气总烃、甲烷和非甲烷总烃的测定 直接进样 - 气相
色谱法

HJ 629　　　固定污染源废气 二氧化硫的测定 非分散红外吸收法

HJ 657　　　空气和废气 颗粒物中铅等金属元素的测定 电感耦合等离
子体质谱法

HJ 685　　　固定污染源废气 铅的测定 火焰原子吸收分光光度法

HJ 688　　　固定污染源废气 氟化氢的测定 离子色谱法

HJ 692　　　固定污染源废气 氮氧化物的测定 非分散红外吸收法

HJ 693　　　固定污染源废气 氮氧化物的测定 定电位电解法

HJ 819　　　排污单位自行监测技术指南 总则

HJ 836　　　固定污染源废气 低浓度颗粒物的测定 重量法

HJ 916　　　环境二噁英类监测技术规范

HJ 973　　　固定污染源废气 一氧化碳的测定 定电位电解法

HJ 1012　　　环境空气和废气总烃、甲烷和非甲烷总烃便携式监测仪技
术要求及检测方法

HJ 1024　　　固体废物 热灼减率的测定 重量法

《国家危险废物名录》

《医疗废物管理条例》（国务院令 第 380 号）

《环境监测管理办法》（原国家环境保护总局令 第 39 号）

《污染源自动监控管理办法》（原国家环境保护总局令 第 28 号）

《生活垃圾焚烧发电厂自动监测数据应用管理规定》（生态环境部令 第
10 号）

3　术语和定义

下列术语和定义适用于本标准。

3.1　医疗废物 medical waste

医疗卫生机构在医疗、预防、保健及其他相关活动中产生的具有直接或间接感染性、毒性以及其他危害性的废物，也包括《医疗废物管理条例》规定的其他按照医疗废物管理和处置的废物。

3.2　消毒处理 disinfection treatment

杀灭或消除医疗废物中的病原微生物，使其消除潜在的感染性危害的过程。消毒处理技术主要包括高温蒸汽消毒、化学消毒、微波消毒、高温干热消毒等。

3.3　处置 disposal

将医疗废物焚烧达到减少数量、缩小体积、减少或消除其危险成分的活动，或者将经消毒处理的医疗废物按照相关国家规定进行焚烧或填埋的活动。

3.4　贮存 storage

将医疗废物存放于符合特定要求的专门场所或设施的活动。

3.5　医疗废物处理处置设施 medical waste treatment and disposal facility

通过消毒处理或者焚烧处置，消除医疗废物潜在的感染性危害或危险成分的消毒处理设施或焚烧设施。

3.6　消毒处理设施 disinfection treatment facility

以消毒处理方式杀灭医疗废物中病原微生物的医疗废物处理装置，包括配套的附属设备及设施。

3.7　焚烧设施 incineration facility

以焚烧方式处置医疗废物，达到减少数量、缩小体积、消除其危险成分目的的装置，包括进料装置、焚烧炉、烟气净化装置和控制系统等。

3.8　高温蒸汽消毒 steam disinfection

利用高温蒸汽杀灭医疗废物中病原微生物，使其消除潜在的感染性危害的处理方法。

4　选址要求

4.1　医疗废物处理处置设施选址应符合生态环境保护法律法规及相关法定规划要求，并应综合考虑设施服务区域、交通运输、地质环境等基本要素，确保设施处于长期相对稳定的环境。鼓励医疗废物处理处置设施选址临近生活垃圾集中处置设施，依托生活垃圾集中处置设施处置医疗废物焚烧残渣和经消毒处理的医疗废物。

4.2 处理处置设施选址不应位于国务院和国务院有关主管部门及省、自治区、直辖市人民政府划定的生态保护红线区域、永久基本农田集中区域和其他需要特别保护的区域内。

4.3 处理处置设施厂址应与敏感目标之间设置一定的防护距离，防护距离应根据厂址条件、处理处置技术工艺、污染物排放特征等综合确定，并应满足环境影响评价文件及审批意见要求。

5 污染控制技术要求

5.1 收集

5.1.1 医疗废物处理处置单位收集的医疗废物包装应符合 HJ 421 的要求。

5.1.2 处理处置单位应采用周转箱/桶收集、转移医疗废物，并应执行危险废物转移联单管理制度。

5.2 运输

5.2.1 医疗废物运输使用车辆应符合 GB 19217 的要求。

5.2.2 运输过程应按照规定路线行驶，行驶过程中应锁闭车厢门，避免医疗废物丢失、遗撒。

5.3 接收

5.3.1 医疗废物处理处置单位应设置计量系统。

5.3.2 处理处置单位应划定卸料区，卸料区地面防渗应满足国家和地方有关重点污染源防渗要求，并应设置废水导流和收集设施。

5.4 贮存

5.4.1 医疗废物处理处置单位应设置感染性、损伤性、病理性废物的贮存设施；若收集化学性、药物性废物还应设置专用贮存设施。贮存设施内应设置不同类别医疗废物的贮存区。

5.4.2 贮存设施地面防渗应满足国家和地方有关重点污染源防渗要求。墙面应做防渗处理，感染性、损伤性、病理性废物贮存设施的地面、墙面材料应易于清洗和消毒。

5.4.3 贮存设施应设置废水收集设施，收集的废水应导入废水处理设施。

5.4.4 感染性、损伤性、病理性废物贮存设施应设置微负压及通风装置、制冷系统和设备，排风口应设置废气净化装置。

5.4.5　医疗废物不能及时处理处置时，应置于贮存设施内贮存。感染性、损伤性、病理性废物应盛装于医疗废物周转箱/桶内一并置于贮存设施内暂时贮存。

5.4.6　处理处置单位对感染性、损伤性、病理性废物的贮存应符合以下要求：

a）贮存温度≥5℃，贮存时间不得超过24小时；

b）贮存温度＜5℃，贮存时间不得超过72小时；

c）偏远地区贮存温度＜5℃，并采取消毒措施时，可适当延长贮存时间，但不得超过168小时。

5.4.7　化学性、药物性废物贮存应符合GB 18597的要求。

5.5　清洗消毒

5.5.1　医疗废物处理处置单位应设置医疗废物运输车辆、转运工具、周转箱/桶的清洗消毒场所，并应配置废水收集设施。

5.5.2　运输车辆、转运工具、周转箱/桶每次使用后应及时（24小时内）清洗消毒，周转箱/桶清洗消毒宜选用自动化程度高的设施设备。

5.6　消毒处理

5.6.1　医疗废物消毒处理工艺参数可参见附录B。

5.6.2　消毒处理设施应配备尾气净化装置。排气筒高度参照GB 16297执行，一般不应低于15 m，并应按GB/T 16157设置永久性采样孔。

5.6.3　应依据《国家危险废物名录》和国家危险废物鉴别标准等规定判定经消毒处理的医疗废物和消毒处理产生的其他固体废物的危险废物属性，属于危险废物的，其贮存和处置应符合危险废物有关要求。

5.6.4　经消毒处理的医疗废物应破碎毁形，并与未经消毒处理的医疗废物分开存放。

5.6.5　经消毒处理的医疗废物进入生活垃圾焚烧厂进行焚烧处置应满足GB 18485规定的入炉要求；进入生活垃圾填埋场处置应满足GB 16889规定的入场要求；进入水泥窑协同处置应满足GB 30485规定的入窑要求。

5.7　焚烧

5.7.1　一般规定

5.7.1.1　焚烧设施应采取负压设计或其他技术措施，防止运行过程中有害气体逸出。

5.7.1.2　焚烧设施应配置具有自动联机、停机功能的进料装置，烟气净化装置以及集成烟气在线自动监测、运行工况在线监测等功能的运行监控装置。

5.7.1.3　焚烧设施竣工环境保护验收前，应进行技术性能测试，测试方法按照 HJ 561 执行，性能测试合格后方可通过验收。

5.7.1.4　医疗废物中的化学性、药物性废物焚烧处置应符合 GB 18484 的要求。

5.7.1.5　采用危险废物焚烧设施协同处置医疗废物应符合 GB 18484 的要求。

5.7.1.6　由遗体火化装置焚烧处置病理性废物，执行国家殡葬管理及其相关污染控制的要求。

5.7.2　进料装置

5.7.2.1　进料装置应保证进料通畅、均匀，并采取防堵塞和清堵塞设计。

5.7.2.2　进料口应采取气密性和防回火设计。

5.7.3　焚烧炉

5.7.3.1　医疗废物焚烧炉的技术性能指标应符合表 1 的要求。

表 1　医疗废物焚烧炉的技术性能指标

指标	焚烧炉高温段温度（℃）	烟气停留时间（s）	烟气含氧量（干烟气，烟囱取样口）	烟气一氧化碳浓度（mg/m³）（烟囱取样口）		燃烧效率	热灼减率
				1 小时均值	24 小时均值或日均值		
限值	≥ 850	≥ 2.0	6% ～ 15%	≤ 100	≤ 80	≥ 99.9%	< 5%

5.7.3.2　焚烧炉应配置辅助燃烧器，在启、停炉时以及炉膛内温度低于表 1 要求时使用，并应保证焚烧炉的运行工况符合表 1 要求。

5.7.4　烟气净化装置

5.7.4.1　焚烧烟气净化装置至少应具备除尘、脱硫、脱硝、脱酸、去除二噁英类及重金属类污染物的功能。

5.7.4.2　每台焚烧炉宜单独设置烟气净化装置。

5.7.5　排气筒

5.7.5.1 排气筒高度不得低于表 2 规定的高度，具体高度及设置应根据环境影响评价文件及其审批意见确定，并应按 GB/T 16157 设置永久性采样孔。

表2 焚烧炉排气筒高度

焚烧处理能力（kg/h）	排气筒最低允许高度（m）
≤ 300	20
300 ～ 2000	35
2000 ～ 2500	45
≥ 2500	50

5.7.5.2 排气筒周围 200 米半径距离内存在建筑物时，排气筒高度应至少高出这一区域内最高建筑物 5 米以上。

5.7.5.3 如有多个排气源，可集中到一个排气筒排放或采用多筒集合式排放，并应在集中或合并前的各分管上设置采样孔。

6 排放控制要求

6.1 自本标准实施之日起，医疗废物消毒处理设施及新建焚烧设施污染控制执行本标准规定的限值要求；现有医疗废物焚烧设施，除烟气污染物以外的其他大气污染物以及水污染物和噪声污染物控制等，执行本标准 6.5、6.6、6.7 和 6.8 相关要求。

6.2 现有焚烧设施烟气污染物排放，2021 年 12 月 31 日前执行 GB 18484—2001 表 3 规定的限值要求，自 2022 年 1 月 1 日起应执行本标准表 4 规定的限值要求。

6.3 消毒处理设施废气污染物排放应符合表 3 的规定。

表3 消毒处理设施排放废气污染物浓度限值

序号	污染物项目	限值
1	非甲烷总烃	20 mg/m³
2	颗粒物	执行 GB 16297 中颗粒物排放限值

6.4　除 6.2 规定的条件外，焚烧设施烟气污染物排放应符合表 4 的规定。

表 4　焚烧设施烟气污染物排放浓度限值　　　　　单位：mg/m³

序号	污染物项目	限值	取值时间
1	颗粒物	30	1 小时均值
		20	24 小时均值或日均值
2	一氧化碳（CO）	100	1 小时均值
		80	24 小时均值或日均值
3	氮氧化物（NO$_x$）	300	1 小时均值
		250	24 小时均值或日均值
4	二氧化硫（SO$_2$）	100	1 小时均值
		80	24 小时均值或日均值
5	氟化氢（HF）	4.0	1 小时均值
		2.0	24 小时均值或日均值
6	氯化氢（HCl）	60	1 小时均值
		50	24 小时均值或日均值
7	汞及其化合物（以 Hg 计）	0.05	测定均值
8	铊及其化合物（以 Tl 计）	0.05	测定均值
9	镉及其化合物（以 Cd 计）	0.05	测定均值
10	铅及其化合物（以 Pb 计）	0.5	测定均值
11	砷及其化合物（以 As 计）	0.5	测定均值
12	铬及其化合物（以 Cr 计）	0.5	测定均值
13	锡、锑、铜、锰、镍及其化合物（以 Sn+Sb+Cu+Mn+Ni 计）	2.0	测定均值
14	二噁英类（ng TEQ/Nm³）	0.5	测定均值

注：表中污染物限值为基准氧含量排放浓度。

6.5　除医疗废物消毒处理设施、焚烧设施外的其他生产设施及厂界的大气污染物（不包括臭气浓度）排放应符合 GB 16297、GB 14554、GB 37822 的相关规定。

6.6　焚烧设施产生的焚烧残渣、焚烧飞灰、废水处理污泥及其他固体废物，应根据《国家危险废物名录》和国家规定的危险废物鉴别标准等进行属性判定。属于危险废物的，其贮存和利用处置应符合国家和地方危险废物有关规定。

6.7 处理处置设施产生的废水排放应符合 GB 18466 规定的综合医疗机构和其他医疗机构水污染物排放要求；疫情期间废水排放应符合 GB 18466 规定的传染病、结核病医疗机构污染物排放要求或疫情期间的相关要求。

6.8 厂界噪声应符合 GB 12348 的控制要求。

7 运行环境管理要求

7.1 一般规定

7.1.1 医疗废物处理处置设施运行期间，应建立运行情况记录制度，如实记载运行情况。运行记录至少应包括医疗废物来源、种类、数量、贮存和处理处置信息，设施运行及工艺参数信息，环境监测数据，残渣、残余物和经消毒处理的医疗废物的去向及其数量等。

7.1.2 处理处置单位应建立处理处置设施全部档案，包括设计、施工、验收、运行、监测及应急等，档案应按国家档案管理的法律法规进行整理与归档。

7.1.3 医疗废物在进入消毒处理设施或焚烧设施前不应进行开包或破碎。

7.1.4 处理处置单位应编制环境应急预案，并定期组织应急演练。

7.1.5 处理处置单位应依据国家和地方有关要求，建立土壤和地下水污染隐患排查治理制度，并定期开展隐患排查，发现隐患应及时采取措施消除隐患，并建立档案。

7.1.6 处理处置设施运行期间应对医疗废物接收区域、转运通道及其他接触医疗废物的场所进行定期清洗消毒。医疗废物处理处置的卫生学效果检测与评价应符合国家疾病防治有关法律法规和标准的规定。

7.2 消毒处理设施

7.2.1 消毒处理设施运行过程中，应保证消毒处理系统处于封闭或微负压状态。

7.2.2 消毒处理设施运行过程中，应实时监控消毒处理系统运行参数。

7.2.3 清洗消毒后的周转箱／桶应与待清洗消毒的周转箱／桶分区存放。

7.3 焚烧设施

7.3.1 焚烧设施启动时，应先将炉膛内温度升至表 1 规定的温度后再投入医疗废物。自焚烧设施启动开始投入医疗废物后，应逐渐增加投入量，并应在 6 小时内达到稳定工况。

7.3.2　焚烧设施停炉时，应通过助燃装置保证炉膛内温度符合表 1 规定的要求，直至炉内剩余医疗废物完全燃烧。

7.3.3　焚烧设施在运行过程中发生故障无法及时排除时，应立即停止投入医疗废物，并应按照 7.3.2 要求停炉。单套焚烧设施因启炉、停炉、故障及事故排放污染物的持续时间每个自然年度累计不应超过 60 小时，炉内投入医疗废物前的烘炉升温时段不计入启炉时长，炉内医疗废物燃尽后的停炉降温时段不计入停炉时长。

7.3.4　在 7.3.1、7.3.2 和 7.3.3 规定的时间内，在线自动监测数据不作为评定是否达到本标准排放限值的依据，但烟气颗粒物排放浓度的 1 小时均值不得大于 150 mg/m³。

7.3.5　应确保正常工况下焚烧炉炉膛内热电偶测量温度的 5 分钟均值不低于 850℃。

8　环境监测要求

8.1　一般规定

8.1.1　医疗废物处理处置单位应依据有关法律、《环境监测管理办法》和 HJ 819 等规定，建立企业监测制度，制订监测方案，对污染物排放状况及其对周边环境质量的影响开展自行监测，保存原始监测记录，并公布监测结果。

8.1.2　处理处置设施安装污染物排放自动监控设备，应依据有关法律和《污染源自动监控管理办法》的规定执行。

8.1.3　本标准实施后国家发布的污染物监测方法标准，如适用性满足要求，同样适用于本标准相应污染物的测定。

8.2　大气污染物监测

8.2.1　应根据监测大气污染物的种类，在规定的污染物排放监控位置进行采样；有废气处理设施的，应在该设施后检测。排气筒中大气污染物的监测采样应按 GB/T 16157、HJ 916、HJ/T 397、HJ/T 365 或 HJ 75 的规定进行。

8.2.2　对大气污染物中重金属类污染物的监测应每月至少 1 次；对大气污染物中二噁英类的监测应每年至少 2 次，浓度为连续 3 次测定值的算术平均值。

8.2.3　大气污染物浓度监测应采用表 5 所列的测定方法。

表 5   大气污染物浓度测定方法

序号	污染物项目	方法标准名称	方法标准编号
1	颗粒物	固定污染源排气中颗粒物测定与气态污染物采样方法	GB/T 16157
		固定污染源废气 低浓度颗粒物的测定 重量法	HJ 836
2	一氧化碳（CO）	固定污染源排气中一氧化碳的测定 非色散红外吸收法	HJ/T 44
		固定污染源废气 一氧化碳的测定 定电位电解法	HJ 973
3	氮氧化物（NO_x）	固定污染源排气中氮氧化物的测定 紫外分光光度法	HJ/T 42
		固定污染源排气中氮氧化物的测定 盐酸萘乙二胺分光光度法	HJ/T 43
		固定污染源废气 氮氧化物的测定 非分散红外吸收法	HJ 692
		固定污染源废气 氮氧化物的测定 定电位电解法	HJ 693
4	二氧化硫（SO_2）	固定污染源排气中二氧化硫的测定 碘量法	HJ/T 56
		固定污染源废气 二氧化硫的测定 定电位电解法	HJ 57
		固定污染源废气 二氧化硫的测定 非分散红外吸收法	HJ 629
5	氟化氢（HF）	固定污染源排气 氟化氢的测定 离子色谱法	HJ 688
6	氯化氢（HCl）	固定污染源排气中氯化氢的测定 硫氰酸汞分光光度法	HJ/T 27
		固定污染源废气 氯化氢的测定 硝酸银容量法	HJ 548
		环境空气和废气 氯化氢的测定 离子色谱法	HJ 549
7	汞	固定污染源废气 汞的测定 冷原子吸收分光光度法（暂行）	HJ 543
8	镉	大气固定污染源 镉的测定 火焰原子吸收分光光度法	HJ/T 64.1
		大气固定污染源 镉的测定 石墨炉原子吸收分光光度法	HJ/T 64.2
		大气固定污染源 镉的测定 对 - 偶氮苯重氮氨基偶氮苯磺酸分光光度法	HJ/T 64.3
		空气和废气 颗粒物中铅等金属元素的测定 电感耦合等离子体质谱法	HJ 657
9	铅	固定污染源废气 铅的测定 火焰原子吸收分光光度法	HJ 685
		空气和废气 颗粒物中铅等金属元素的测定 电感耦合等离子体质谱法	HJ 657
10	砷	固定污染源废气 砷的测定 二乙基二硫代氨基甲酸银分光光度法	HJ 540

序号	污染物项目	方法标准名称	方法标准编号
10	砷	空气和废气 颗粒物中铅等金属元素的测定 电感耦合等离子体质谱法	HJ 657
11	铬	空气和废气 颗粒物中铅等金属元素的测定 电感耦合等离子体质谱法	HJ 657
12	锡	大气固定污染源 锡的测定 石墨炉原子吸收分光光度法	HJ/T 65
		空气和废气 颗粒物中铅等金属元素的测定 电感耦合等离子体质谱法	HJ 657
13	铊、锑、铜、锰	空气和废气 颗粒物中铅等金属元素的测定 电感耦合等离子体质谱法	HJ 657
14	镍	大气固定污染源 镍的测定 火焰原子吸收分光光度法	HJ/T 63.1
		大气固定污染源 镍的测定 石墨炉原子吸收分光光度法	HJ/T 63.2
		大气固定污染源 镍的测定 丁二酮肟 - 正丁醇萃取分光光度法	HJ/T 63.3
		空气和废气 颗粒物中铅等金属元素的测定 电感耦合等离子体质谱法	HJ 657
15	二噁英类	环境空气和废气 二噁英类的测定 同位素稀释高分辨气相色谱 - 高分辨质谱法	HJ 77.2
		环境二噁英类监测技术规范	HJ 916
16	非甲烷总烃	大气污染物无组织排放监测技术导则	HJ/T 55
		环境空气总烃、甲烷和非甲烷总烃的测定 直接进样 - 气相色谱法	HJ 604
		环境空气和废气总烃、甲烷和非甲烷总烃便携式监测仪技术要求及检测方法	HJ 1012

8.2.4　焚烧单位应对焚烧烟气中主要污染物浓度进行在线自动监测，烟气在线自动监测指标应为 1 小时均值及日均值，且应至少包括氯化氢、二氧化硫、氮氧化物、颗粒物、一氧化碳和烟气含氧量等。在线自动监测数据的采集和传输应符合 HJ 75 和 HJ 212 的要求。

8.3　水污染物监测

8.3.1　水污染物的监测按照 GB 18466 和 HJ 91.1 规定的测定方法进行。

8.3.2　应按照国家和地方有关要求设置废水计量装置和在线自动监测设备。

8.4　其他监测

8.4.1　热灼减率的监测应每周至少 1 次，样品的采集和制备方法应按照 HJ/T 20 执行，测试步骤参照 HJ 1024 执行。

8.4.2　焚烧炉运行工况在线监测指标应至少包括炉膛内热电偶测量温度。

9　实施与监督

9.1　本标准由县级以上生态环境主管部门负责监督实施。

9.2　除无法抗拒的灾害和其他应急情况下，医疗废物处理处置设施均应遵守本标准的污染控制要求，并采取必要措施保证污染防治设施正常运行；重大疫情等应急情况下医疗废物的运输和处置，应按事发地的县级以上人民政府确定的处置方案执行。

9.3　各级生态环境主管部门在对医疗废物处理处置设施进行监督性检查时，对于水污染物，可以现场即时采样或监测的结果，作为判定排污行为是否符合排放标准以及实施相关生态环境保护管理措施的依据；对于大气污染物，可以采用手工监测并按照监测规范要求测得的任意 1 小时平均浓度值，作为判定排污行为是否符合排放标准以及实施相关生态环境保护管理措施的依据。

9.4　除 7.3.4 规定的条件外，CEMS 日均值数据可作为判定排污行为是否符合排放标准的依据；炉膛内热电偶测量温度未达到 7.3.5 要求，且一个自然日内累计超过 5 次的，参照《生活垃圾焚烧发电厂自动监测数据应用管理规定》等相关规定判定为"未按照国家有关规定采取有利于减少持久性有机污染物排放措施"，并依照相关法律法规予以处理。

附录 2

《医疗废物集中焚烧处置工程技术规范》（HJ 177—2023）

1　适用范围

本标准规定了医疗废物集中焚烧处置工程的污染物与污染负荷、总体要求、工艺设计、主要工艺设备和材料、检测与过程控制、主要辅助工程、施工与验收、运行与维护管理等技术要求。

本标准适用于医疗废物集中焚烧处置工程，可作为医疗废物集中焚烧处置工程建设项目环境保护设计与施工、验收及建成后运行与管理的参考依据。

本标准不适用于协同处置医疗废物的焚烧处置工程以及不发生燃烧反应的医疗废物热裂解工程。

2 规范性引用文件

本标准引用了下列文件或其中的条款。凡是注明日期的引用文件，仅注日期的版本适用于本标准。凡是未注日期的引用文件，其最新版本（包括所有的修改单）适用于本标准。

GB/T 6719	袋式除尘器技术要求
GB 8978	污水综合排放标准
GB 12348	工业企业厂界环境噪声排放标准
GB/T 16157	固体污染源排气中颗粒物测定与气态污染物采样方法
GB 16297	大气污染物综合排放标准
GB 18466	医疗机构水污染排放标准
GB/T 18773	医疗废物焚烧环境卫生标准
GB/T 19923	城市污水再生利用 工业用水水质
GB/T 28056	烟道式余热锅炉通用技术条件
GB/T 29328	重要电力用户供电电源及自备应急电源配置技术规范
GB 39707	医疗废物处理处置污染控制标准
GB 50013	室外给水设计标准
GB 50014	室外排水设计标准
GB 50015	建筑给水排水设计标准
GB 50019	工业建筑供暖通风与空气调节设计规范
GB 50028	城镇燃气设计规范（2020 版）
GB 50034	建筑照明设计标准
GB/T 50051	烟囱工程技术标准
GB 50052	供配电系统设计规范
GB 50074	石油库设计规范
GB/T 50087	工业企业噪声控制设计规范
GB 50093	自动化仪表工程施工及质量验收规范
GB 50156	汽车加油加气加氢站技术标准
GB 50187	工业企业总平面设计规范

GB 50204	混凝土结构工程施工质量验收规范
GB 50217	电力工程电缆设计标准
GB 50231	机械设备安装工程施工及验收通用规范
GB 50235	工业金属管道工程施工规范
GB 50236	现场设备、工业管道焊接工程施工规范
GB 50300	建筑工程施工质量验收统一标准
GB 50309	工业炉砌筑工程质量验收标准
GB/T 50483	化工建设项目环境保护工程设计标准
GB 50974	消防给水及消火栓系统技术规范
GBZ 1	工业企业设计卫生标准
HJ/T 176	危险废物集中焚烧处置工程建设技术规范
HJ/T 365	危险废物（含医疗废物）焚烧处置设施二噁英排放监测技术规范
HJ/T 386	环境保护产品技术要求 工业废气吸附净化装置
HJ/T 387	环境保护产品技术要求 工业废气吸收净化装置
HJ 421	医疗废物专用包装袋、容器和警示标志标准
HJ 561	危险废物（含医疗废物）焚烧处置设施性能测试技术规范
HJ 2015	水污染治理工程技术导则
HJ 2025	危险废物收集 贮存 运输技术规范
HJ 2029	医院污水处理工程技术规范
HG/T 20566	化工回转窑设计规定
HG/T 20683	化学工业炉耐火、隔热材料设计选用规定
JB/T 10192	小型焚烧炉 技术条件
NB/T 47007	空冷式热交换器
SH/T 3501	石油化工有毒、可燃介质钢制管道工程施工及验收规范
TSG G0001	锅炉安全技术监察规范
WS 628	消毒产品卫生安全评价技术要求

3 术语和定义

3.1 医疗废物 medical waste

医疗卫生机构在医疗、预防、保健以及其他相关活动中产生的具有直接或者间接感染性、毒性以及其他危害性的废物，也包括《医疗废物管理条例》规定的其他按照医疗废物管理和处置的废物。

3.2 贮存 storage

将医疗废物存放于符合特定要求的专门场所或设施内的活动。

3.3 焚烧 incineration

医疗废物在高温条件下发生热分解、燃烧等反应，实现无害化和减量化的过程。

3.4 焚烧炉 incinerator

医疗废物发生热分解、燃烧等反应的专用装置。

3.5 焚烧设施 incineration facility

以焚烧方式处置医疗废物，达到减少数量、缩小体积、消除其危险成分目的的装置，包括进料装置、焚烧炉、烟气净化装置和控制系统等。

3.6 焚烧残渣 incineration slag

医疗废物焚烧后焚烧炉排出的炉渣。

3.7 焚烧飞灰 incineration fly ash

烟气净化系统捕集物和烟道及烟囱底部沉降的底灰。

4 污染物与污染负荷

4.1 医疗废物集中焚烧处置工程适用于《医疗废物分类目录》中的感染性废物、损伤性废物、病理性废物、药物性废物和化学性废物的焚烧处置。

4.2 医疗废物焚烧处置污染物种类与来源如下：

a）集中焚烧处置工程排放的废气主要为焚烧烟气，主要污染物包括颗粒物、一氧化碳、氯化氢、二氧化硫、氮氧化物、氟化氢、重金属（汞、铅、镉、砷、镍、铊、铬、锡、锑、铜、锰及其化合物等）、二噁英类等；

b）集中焚烧处置工程生产废水主要包括工艺废水和清洗消毒废水。工艺废水来自烟气净化，主要控制指标为 pH、悬浮物（SS）、盐等。清洗消毒废水来自医疗废物运输车辆、周转桶、操作区、贮存区等的消毒，主要控制指标为 pH、生物需氧量（BOD）、化学需氧量（COD）、悬浮物（SS）、氨氮（NH_3-N）、粪大肠菌群数等；

c）集中焚烧处置工程产生的固体废物主要包括焚烧残渣、焚烧飞灰、布袋除尘器更换的滤袋、废活性炭、废水处理产生的污泥、固态盐、废弃的防护用品以及设备维修过程中的沾油污染物等；

d）集中焚烧处置工程系统的噪声主要来源于鼓风机、引风机、发电机组、各类泵体、空压机等设施的运行。

5　总体要求

5.1　一般规定

5.1.1　医疗废物集中焚烧处置工程项目建设应本着合理布局的要求，除满足生态环境保护相关要求外，还应执行国家安全生产、职业健康、交通运输、消防等法律法规和标准的相关要求。

5.1.2　集中焚烧处置工程建设应符合环境影响评价文件及其审批意见的要求，并按照"三同时"制度的要求配套建设相关的环境保护设施。

5.1.3　集中焚烧处置工程产生的烟气、废水及噪声等排放应满足国家和地方污染物排放控制标准并符合排污许可证的要求。

5.1.4　集中焚烧处置工程项目建设应按规定设置自动监测系统。

5.1.5　集中焚烧处置工程应设置围墙和警示标志，主体工程应设置医疗废物设施标识，警示标志应符合HJ 421的相关要求。

5.1.6　运输车辆和周转箱应符合 HJ 421 的相关要求。

5.2　厂址选择与建设规模

5.2.1　医疗废物集中焚烧处置工程拟选厂址应符合 GB 39707 的相关要求。

5.2.2　集中焚烧处置工程的建设规模应符合国家和行业的产业政策、地区规划、专项规划。建设规模的确定应保留一定的裕量。

5.3　工程构成

5.3.1　医疗废物集中焚烧处置工程由主体工程、辅助工程、配套设施构成。

5.3.2　主体工程主要包括接收及贮存、焚烧炉、烟气净化、清洗消毒、灰渣收集、废水处理等系统。

5.3.3　辅助工程主要包括厂区道路、供配电、燃料贮存与供应、给排水、消防、通讯、暖通空调、机械维修、检测化验等设施。

5.3.4　配套设施指生产管理与服务设施，主要包括办公用房、食堂、浴室、倒班宿舍等。

5.4　总平面布置

5.4.1　医疗废物集中焚烧处置工程平面布置应结合厂址所在地区的自然条件，根据主导风向、防洪、防涝、供电、供热、给排水、生产运输、环境保护、职业卫生与劳动安全等条件和要求，经多方案综合　比较后确定，布置紧凑但不拥挤。

5.4.2　集中焚烧处置工程可分为生产区和办公区，生产区与办公区之间应采取隔离措施。

5.4.3　集中焚烧处置工程生产区包括医疗废物接收贮存区、清洗消毒区、焚烧处置区，生产区应布置在厂区所在区域主导风向的下风侧。

5.4.4　集中焚烧处置工程应以焚烧系统为主体进行布置，其他各系统应按医疗废物焚烧处置流程合理安排，以确保相关设备联系良好，充分发挥功能。

5.4.5　集中焚烧处置工程厂区初期雨水和应急事故水收集池宜采取地下式。

5.4.6　集中焚烧处置工程人流和物流的出、入口应分开设置，并应方便医疗废物运输车辆的进出。

5.4.7　集中焚烧处置工程卸料区和贮存区的布置宜靠近物流出入口和焚烧主体设备，减少转运距离和转运频次。

5.4.8　集中焚烧处置工程卸料场地面积应满足医疗废物运输车辆进出和卸料作业顺畅的要求。

5.4.9　集中焚烧处置工程清洗消毒设施，宜位于焚烧厂卸料区域附近。医疗废物运输车清洗消毒的设施宜与医疗废物转运工具、生产工具的清洗消毒设施合并建设。

5.4.10　集中焚烧处置工程厂区道路、绿化等其他设施的布置应符合 GB 50187 的相关要求。

6　工艺设计

6.1　一般规定

6.1.1　医疗废物集中焚烧处置工艺设计应根据医疗废物的热值、成分特征、处置规模等，并结合医疗废物焚烧烟气特性、污染物排放要求等因素综合考虑。

6.1.2　集中焚烧处置工程应同步开展废气、废水、噪声、固体废物等污染控制设施的工艺设计，确保其污染控制符合相关标准要求。

6.1.3　集中焚烧处置工艺流程应保证各工艺环节功能实现有效衔接。

6.2　一般工艺流程

6.2.1　医疗废物集中焚烧处置主要包括废物的接收、贮存、进料、焚烧处置、烟气净化等工艺环节，以及清洗消毒、废水处理、新产生固体废物处理、噪声控制等二次污染控制措施，也可根据实际情况进行余热回收。

6.2.2　集中焚烧处置工程各环节应采用技术成熟、性能可靠、运行稳定、经济可行的工艺。

6.2.3　集中焚烧处置工程烟气净化工艺应根据医疗废物焚烧烟气污染物特征和焚烧污染控制标准要求选择，并对焚烧处置设施工况变化有较强的适应性。

6.3　接收与贮存

6.3.1　医疗废物接收

6.3.1.1　医疗废物集中焚烧处置工程应设置专门的卸料场地，并满足如下要求：

a）场地地面应为硬覆盖并具备一定的防渗功能，防渗功能应满足国家和地方有关重点污染源防渗要求；

b）卸料场地应设置围堰、沟渠等防扩散设施；

c）卸料场地在厂房外的还应考虑防风、防雨等措施。

6.3.1.2　集中焚烧处置工程应设置废物计量系统，计量系统应具有称重、记录、打印、数据传输与存储功能。

6.3.1.3　集中焚烧处置工程宜根据需要配备必要的装卸机械设备。

6.3.2　医疗废物贮存

6.3.2.1　医疗废物集中焚烧处置工程应设置专用的医疗废物贮存库，贮存库应采用全封闭、微负压设计，并应配备制冷和消毒装置，贮存能力可结合医疗废物收集量、处置能力、贮存温度和允许的贮存时间等进行设计，并满足 GB 39707 相关要求。

6.3.2.2　贮存库通风设计可参考 GB 50019，污染防治要求应满足 GB 39707 的要求。

6.4　进料

6.4.1　医疗废物集中焚烧处置工程进料方式应与焚烧炉相匹配，医疗废物焚烧炉的进料系统由输送设备、计量装置、进料口及故障排除 / 监视设备组成。

6.4.2　进料系统宜采用密闭的自动上料装置。

6.4.3　进料系统的进料口应保持气密性，并具有防回火功能，必要时在进料口及进料管道采取冷却措施。

6.5　焚烧

6.5.1　医疗废物集中焚烧处置工程焚烧炉应由一燃室和二燃室组成。一燃室实现医疗废物的热解、燃烧、燃烬，二燃室实现未完全燃烧气体和热解气体的充分燃烧。

6.5.2　焚烧炉高温段温度应≥850 ℃，烟气停留时间应≥2 s。

6.5.3　焚烧炉燃烧效率不低于99.9%，焚烧残渣热灼减率应＜5%，焚烧炉出口烟气氧含量应在6%～15%（干气）。

6.5.4　焚烧炉宜设置紧急烟气排放装置，应急状态下烟气排放应符合GB 39707的要求。

6.5.5　焚烧炉表面温度应符合GB/T 18773的相关要求。

6.5.6　焚烧炉燃烧供风系统、辅助燃烧系统的设置在满足实际生产需要的同时，应能满足焚烧炉烘炉和启、停炉的需要。

6.6　烟气净化

6.6.1　一般规定

6.6.1.1　医疗废物集中焚烧处置工程应根据烟气特性选择适宜的工艺组合路线，保证烟气排放稳定达到GB 39707的要求。

6.6.1.2　烟气净化工艺应具备降温、脱酸、除尘、脱硝和去除二噁英、重金属等功能。

6.6.2　烟气降温

6.6.2.1　医疗废物集中焚烧处置工程烟气降温可与脱酸、余热利用相结合。

6.6.2.2　可根据处置规模、用热条件、实际需求及经济性综合比较确定是否对烟气降温产生的热能进行回收利用。

6.6.3　烟气脱酸

6.6.3.1　医疗废物集中焚烧处置工程烟气中氯化氢、氟化氢和硫氧化物等酸性污染物，应采用适宜的碱性物质通过中和反应去除。

6.6.3.2　烟气脱酸工艺可选用湿法、半干法、干法等脱酸工艺及其组合工艺。

6.6.4　脱硝

6.6.4.1　医疗废物集中焚烧处置工程宜优先通过医疗废物焚烧过程的燃烧

控制，抑制氮氧化物的产生。

6.6.4.2 脱硝也可选择 SCR（选择性催化还原）、SNCR（选择性非催化还原）及其组合的工艺。

6.6.5 二噁英和重金属去除

6.6.5.1 烟气中二噁英和重金属的去除可采用活性炭或其他多孔性吸附剂。

6.6.5.2 采用粉末吸附剂时可与布袋除尘器联合使用。

6.6.6 除尘

6.6.6.1 可选用袋式除尘器和湿式静电除尘器，不应单独使用干式静电除尘器或机械除尘器作为除尘工艺。

6.6.6.2 袋式除尘器的入口烟气温度宜高于烟气露点温度 20℃～30℃，但应低于布袋允许最高工作温度。

6.6.7 烟道及烟囱

6.6.7.1 医疗废物集中焚烧处置工程烟气管道设计应采取应力补偿及防腐、保温措施，并保持管道的气密性。

6.6.7.2 烟囱高度应符合 GB 16297 的有关要求，烟囱设计应符合 GB/T 50051 的要求。

6.7 二次污染控制

6.7.1 清洗消毒

6.7.1.1 医疗废物集中焚烧处置工程应设置用于医疗废物运输车辆、周转箱（桶）以及操作区、作业区等的清洗消毒设施，并采取废气污染控制措施，满足 GB 39707 相关要求。

6.7.1.2 采用喷洒消毒方式时，可采用浓度为 1000 mg/L 含氯消毒液；采用浸泡消毒方式时，含氯消毒液的浓度为 500 mg/L，浸泡时间不少于 30 min。也可采取疾病防治有关法律法规标准允许的其他消毒方式。

6.7.1.3 操作区、贮存区、医疗废物运输车辆等可采用喷洒消毒方式；周转箱（桶）的清洗消毒可采用浸泡消毒方式或喷洒消毒方式。

6.7.1.4 清洗消毒场所应采取消毒废水收集措施。

6.7.2 废水处理

6.7.2.1 烟气净化工艺废水

a）医疗废物集中焚烧处置工程烟气净化工艺废水应单独收集，废水处理应根据废水水质和处理后去向选择合适的工艺，至少应具备 pH 值调节、沉降、脱盐等功能，各工艺单元的设计应符合 HJ 2015 的要求。

b）烟气净化工艺废水处理后循环使用的水质应符合 GB/T 19923 的要求，废水排放应符合 GB 8978 的要求。

6.7.2.2 清洗消毒废水

a）操作区、贮存区地面清洗水和厂区初期雨水、事故废水应收集至清洗消毒废水处理设施处理。

b）集中焚烧处置工程清洗消毒废水处理工艺应根据废水水质特点、废水处理后的去向等因素确定，宜采用二级处理或三级处理工艺，并设置消毒单元。

c）集中处理工程清洗消毒废水处理工艺设计可参照 HJ 2029 的有关要求。

d）清洗消毒废水处理设施出水宜优先回用，回用于生产的应符合 GB/T 19923 相关要求。

e）清洗消毒废水处理后排放的，应符合 GB 18466 或者地方规定的水污染物排放标准。

7 主要工艺设备和材料

7.1 焚烧炉

7.1.1 医疗废物集中焚烧处置工程焚烧炉选型和设计应能满足医疗废物焚烧处置连续稳定运行，并能满足6.5 的工艺要求。

7.1.2 焚烧炉的设计应符合 JB/T 10192 的要求，内衬的设计和选择参考 HG/T 20683，选用的耐火材料应兼顾耐腐蚀、耐侵蚀、耐磨、耐热负荷冲击。

7.1.3 选用回转窑炉型的，设计应符合 HG/T 20566 的要求。

7.2 烟气降温设备

7.2.1 医疗废物集中焚烧处置工程烟气降温采用余热锅炉的，设备的设计、制造应满足 GB/T 28056 和 TSG G0001 的要求。

7.2.2 烟气降温采用空冷式换热的，设备的设计、制造应满足 NB/T 47007 的相关要求。

7.2.3 采用其他满足工艺要求降温设备的，设备的设计、制造应满足相关标准和规范的要求。

7.2.4 降温设备的换热管、烟道进出口等与烟气接触部分应选择耐腐蚀材质。

7.3   烟气净化设备

7.3.1   医疗废物集中焚烧处置工程脱酸设备，应符合 HJ/T 387 的要求。

7.3.2   吸附设备应符合 HJ/T 386 的要求。

7.3.3   袋式除尘器的设计应符合 GB/T 6719 的要求。

7.4   水处理设备

7.4.1   医疗废物集中焚烧处置工艺水处理设施应符合 HJ 2015 的规定。

7.4.2   工艺废水和清洗消毒废水收集、处理系统的管道及设备应满足防腐、耐压等要求。

7.5   引风机

7.5.1   集中焚烧处置工程引风机的配置应符合 HJ/T 176 的要求。

7.5.2   引风机选择应在最大负荷、烟气量最大情况下能使系统处于微负压状态下运行，引风机风量计算应综合考虑下列内容：

a）在焚烧运行中，过剩空气条件下焚烧产生的湿烟气量；

b）控制烟温用的补充空气量；

c）喷水降温时蒸发汽量；

d）烟气净化系统投入药剂、烟气增湿、循环灰流化等引起的烟气量的附加量；

e）引风机前漏入系统的空气量；

f）在以上风量的基础上考虑 10% 的设计余量。

7.5.3   引风机应能调整风量和负压，宜采用变频调速装置。

7.6   清洗消毒设备

7.6.1   医疗废物集中焚烧处置工程清洗消毒设备应做防腐处理或选择防腐蚀材料。

7.6.2   清洗消毒设备应配置独立的消毒剂配置单元。

7.6.3   配置的清洗消毒设备和消毒剂应符合 WS 628 的要求，并在有效期内使用。

8   检测与过程控制

8.1   一般规定

8.1.1   医疗废物集中焚烧处置工程应对污染物排放、设施运行工况进行检测，并设置必要的检测设备和过程控制系统。

8.1.2   集中焚烧处置工程污染物排放检测可根据实际情况自行检测或委

托具有相应能力和资质的单位检测，检测项目应满足 GB 39707 的要求。

8.1.3 集中焚烧处置工程检测点位和参数的设置应能准确反映设施的运行状况。

8.1.4 集中焚烧处置工程过程控制系统的配置应能保证设施运行的稳定可靠。

8.2 检测

8.2.1 气体检测

8.2.1.1 医疗废物集中焚烧处置工程烟气自动监测设备污染物监测指标应包括：氯化氢、二氧化硫、一氧化碳、氮氧化物、颗粒物；运行参数监测指标应包括烟气温度、含湿量、氧气、二氧化碳、烟气流 量等。

8.2.1.2 集中焚烧处置工程焚烧烟气排放口的设置应符合 GB/T 16157 的要求。

8.2.1.3 集中焚烧处置工程应根据行业排污许可证申请与核发技术规范、排污单位自行监测技术指南等设置焚烧烟气排放自动监测设备，安装、运行与维护自动监测设备的具体要求按《污染源自动监控管 理办法》和排污许可证规定执行。

8.2.2 废水检测

8.2.2.1 医疗废物集中焚烧处置工程废水排放自动监测设备监测项目应包括：COD、pH、氨氮、Cl⁻和废水流量，对于粪大肠菌群数、BOD、悬浮物等可进行采样检测。

8.2.2.2 集中焚烧处置工程应根据行业排污许可证申请与核发技术规范、排污单位自行监测技术指南等设置废水排放自动监测设备，安装、运行与维护自动监测设备的具体要求按《污染源自动监控管理办法》和排污许可证规定执行。

8.2.3 运行工况检测

8.2.3.1 医疗废物集中焚烧处置工程应设置具有记录、存储功能的焚烧系统、烟气降温及净化系统以及水处理设施的运行工况检测系统。

8.2.3.2 集中焚烧处置工程焚烧系统应检测以下参数：

a）一燃室炉膛温度、炉膛压力；

b）二燃室烟气入口温度、烟气出口温度、炉膛压力、出口烟气氧含量。

8.2.3.3 烟气降温及净化系统应检测以下参数：

　　a）降温设备进出口烟气温度和压力；降温介质进出降温设备的流量、压力和温度；

　　b）脱酸设备进出口烟气温度和压力；

　　c）布袋除尘器进出口烟气温度和压力，除尘器烟气压差；

　　d）引风机烟气进口温度和压力、引风机频率及烟气量；

　　e）如上述各参数的功能有重复，可合并设置。

8.2.3.4　集中焚烧处置工程水处理设施应根据污水处理工艺控制的要求对pH、流量、液位等参数进行检测。

8.3　过程控制

8.3.1　医疗废物集中焚烧处置工程应配置完备的过程监控系统，主要包括焚烧控制系统、烟气净化控制系统、水处理设施控制系统、预警系统和视频监控系统等。

8.3.2　集中焚烧处置工程焚烧控制系统应能控制焚烧系统燃料供给量、医疗废物进料量以及烟气温度、压力、氧含量等。

8.3.3　集中焚烧处置工程烟气净化控制系统应能根据烟气量以及自动监测污染物数据对各净化设备的运行参数进行调节与控制。

8.3.4　集中焚烧处置工程水处理设施控制系统应能根据废水量以及自动监测数据对各设备的运行参数进行调节与控制。

8.3.5　集中焚烧处置工程控制系统应能实现对焚烧炉、烟气净化、工艺污水处理及辅助系统的远程监控及分散控制，并应设置独立于远程监控及分散控制系统的紧急停车系统。

8.3.6　集中焚烧处置工程对物料传输过程、焚烧炉及烟气净化等重要环节，应在中央控制室设置工况参数集中显示、视频监控和存储记录。

9　主要辅助工程

9.1　一般规定

医疗废物集中焚烧处置工程建设，电气、燃料供应、给排水和消防、采暖通风与空调、建筑与结构等应符合相关行业标准的规定。

9.2　电气系统

9.2.1　医疗废物集中焚烧处置工程供配电系统的设计应符合 GB 50052 的要求。

9.2.2　集中焚烧处置工程应设置污染源自动监测系统、计算机监控及控制系统的应急电源。

9.2.3　集中焚烧处置工程照明设计应符合 GB 50034 的有关要求，正常照明与事故照明应采用分开的供电系统。

9.2.4　集中焚烧处置工程焚烧厂房及辅助厂房的电缆敷设应符合 GB 50217 的要求。

9.3　燃料供应

9.3.1　医疗废物集中焚烧处置工程以燃油为辅助热源时，贮存及供给系统应符合 GB 50074 和 GB 50156 的要求。

9.3.2　集中焚烧处置工程以燃气为辅助热源时，贮存及供给系统应符合 GB 50028 和GB 50156 的要求。

9.4　给水和排水

9.4.1　给水

9.4.1.1　医疗废物集中焚烧处置工程生产生活给水应符合 GB 50013 和GB 50015 的要求。

9.4.1.2　集中焚烧处置工程消防给水应符合 GB 50974 的要求。

9.4.2　排水

9.4.2.1　医疗废物集中焚烧处置工程厂区排水应采用雨污分流设计，并设计厂区初期雨水收集系统。

9.4.2.2　集中焚烧处置工程雨水量设计重现期应符合 GB 50014 的有关要求。

9.5　采暖通风与空调

9.5.1　医疗废物集中焚烧处置工程建筑物冬、夏季负荷计算的室外计算参数，应符合 GB 50019 的要求。

9.5.2　集中焚烧处置工程建筑物的采暖与空调设计应符合 GB 50019 的要求。

9.5.3　中焚烧处置工程中央控制室应设置空气调节装置。

参考文献

[1] Altin F G，Budak İ，Özcan F.Predicting the amount of medical waste using kernel-based SVM and deep learning methods for a private hospital in Turkey[J].Sustainable Chemistry and Pharmacy 33，2023，101060.

[2] Hansakul，A.P.2.09 Health risks of worker who work with the infectious and health care waste transportation from hospital by private transport sector[J].Occup Environ Med 76，2019，A89–A89.

[3] Thind P S，Sareen A，Singh D D，et al.Compromising situation of India's bio-medical waste incineration units during pandemic outbreak of COVID-19：Associated environmental-health impacts and mitigation measures[J].Environmental Pollution 276，2021，116621.

[4] 罗帅，张祥明，吴江彬，等.我国医疗废物处置技术及现状 [J].广东化工，2017，44（01）：44-45.

[5] 陈新宇.医疗废物处置方法介绍及其优劣性对比 [J].科技展望，2015，25（11）：227.

[6] 白彩锋，李新辉.医疗废物处理研究现状 [J].护理管理杂志，2007（10）：30-32.

[7] 张胜田，李梅，李群，等.国内外医疗废物管理与处置现状分析及对策建议[J].生态与农村环境学报，2020，36（12）：1505-1513.

[8] 杨盛凯，周纯洁，王斯冉，等.我国医疗废物资源化可行性探讨 [J].有色冶金节能，2021，37（01）：13-16.

[9] 常杪，唐艳冬，杨亮，等.国际医疗废物管理与处理处置体系分析与借鉴 [J].环境保护，2020，48（08）：63-69.

[10] 德国联邦环保署.固废相关法规介绍 [EB/OL].https：//www.umweltbundesamt.de/themen/abfallressourcen/ abfallwirtschaft/abfallrecht.

[11] 英国卫生和社会保障部，英国环境、粮食和农村事务部，英国运输部，等.环境与可持续健康技术备忘录 07-01：医疗废物的安全管理 [Z].2013.

[12] 日本环境省.基于废弃物处理法的感染性废弃物处理指南（2018 年修订版）[Z].2018.

[13] 夏丽丽.探析我国医疗废物处理处置现状、问题及管理策略 [J].科技展望，2016，26（10）：186.

[14] 李琳，闫玉珍，董雪梅，等.医疗垃圾的现状及处理对策 [J].环境科学导刊，2007，（04）：51-54.

[15] 刘兴邦，何勃，乔晓，等.武汉市医疗垃圾处理现状调查 [J].公共卫生与预防医学，2005，16（2）.

[16] 魏诗晴，涂敏，赖晓全，等.我国各类医疗机构部分医疗废物分类处置现状 [J].中国感染控制杂志，2021，20（09）：782-787.

[17] 刘思娣，任南，李春辉，等.125 家医疗机构医疗废物管理调查情况 [J].中华医院感染学杂志，2017，27（18）：4265-4269.

[18] 孙英杰，赵由才.危险废物处理技术 [M].北京：化学工业出版社，2006.

[19] 赵由才.危险废物处理技术 [M]. 北京：化学工业出版社，2003.

[20] 王罗春，何德文，赵由才.危险化学品废物的处理 [M]. 北京：化学工业出版社，2006.

[21] 王罗春，唐圣钧，李强，等.危险化学品污染防治 [M]. 北京：化学工业出版社，2006.

[22] 赵由才.固体废物处理与资源化技术 [M]. 上海：同济大学出版社，2015.

[23] 赵由才，牛冬杰，柴晓利，等.固体废物处理与资源化 [M]. 北京：化学工业出版社，2019.

[24] 赵由才，赵天涛，宋立杰.固体废物处理与资源化实验 [M]. 北京：化学工业出版社，2018.

[25] 赵由才，周涛.固体废物处理与资源化原理及技术 [M]. 北京：化学工业出版社，2021.

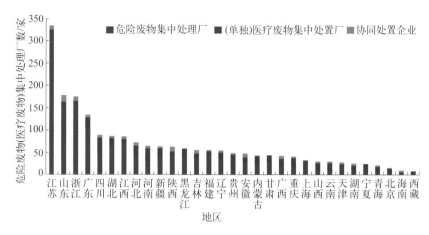

图 7-1 2021 年各地区危险废物（医疗废物）集中处理厂数量

图 8-2 医疗废物全流程管理平台

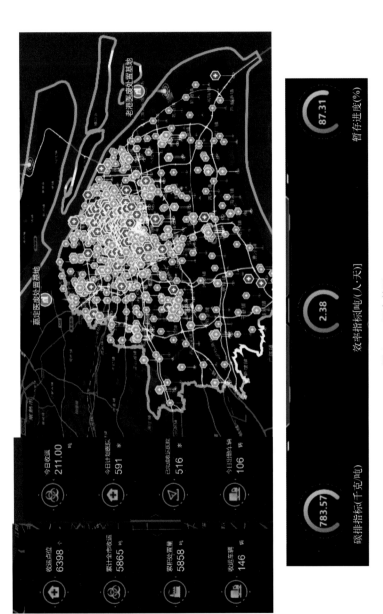

图 8-4 平台首页

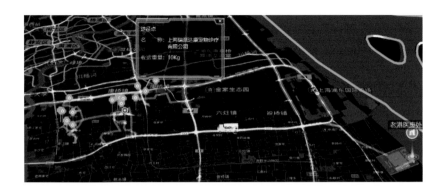

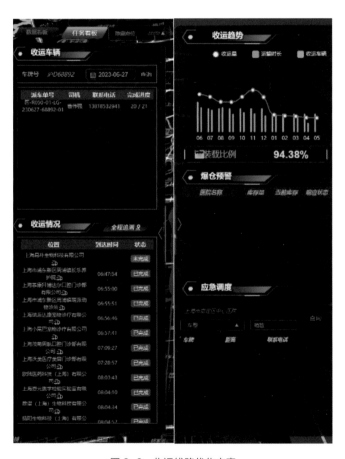

图 8-6　收运线路优化方案

图 8-8 客户画像

(a)PDA扫码RFID电子芯片

(b)医疗废物追踪溯源

图 9-2 医疗废物全流程数字化智能管控平台